国家自然科学基金资助项目(51904237)
中国博士后科学基金第13批特别资助项目(2020T130522)
中国博士后科学基金面上资助项目(2019M653875XB)
陕西省自然科学基金资助项目(2019JQ—799)

低温液氮致裂煤体孔隙结构演化及增透机制

Pore Evolution and the Mechanism of Permeability Enhancing after Fracturing with Liquid Nitrogen

秦　雷　著

东南大学出版社
·南京·

图书在版编目(CIP)数据

低温液氮致裂煤体孔隙结构演化及增透机制 / 秦雷著. — 南京：东南大学出版社，2021.5

ISBN 978-7-5641-9514-4

Ⅰ. ①低… Ⅱ. ①秦… Ⅲ. ①液氮—作用—煤层—地下气化煤气—油气开采—研究 Ⅳ. ①P618.11

中国版本图书馆 CIP 数据核字(2021)第 084806 号

低温液氮致裂煤体孔隙结构演化及增透机制

Diwen Yedan Zhi Lie Meiti Kongxi Jiegou Yanhua Ji Zengtou Jizhi

著　　者	秦　雷
责任编辑	贺玮玮　邮箱:974181109@qq.com
责任印制	周荣虎
出版发行	东南大学出版社
地　　址	南京市四牌楼 2 号　邮编:210096
出 版 人	江建中
网　　址	http://www.seupress.com
经　　销	全国各地新华书店
印　　刷	江阴金马印刷有限公司
开　　本	787 mm×1092 mm　1/16
印　　张	9.75
字　　数	190 千字
版　　次	2021 年 5 月第 1 版
印　　次	2021 年 5 月第 1 次印刷
书　　号	ISBN 978-7-5641-9514-4
定　　价	58.00 元

本社图书若有印装质量问题,请直接与营销部联系。

电话(传真):025-83791830。

前言
PREFACE

中国高瓦斯煤层具有地质构造复杂、微孔隙、瓦斯高吸附、低渗透性的特点，瓦斯抽采困难，煤层渗透率低成为制约瓦斯抽采的主要瓶颈。随着煤层增透技术的开发研究，许多无水化致裂增透措施得到应用并取得了广泛关注，其特点都是用非水物质作为煤层致裂增透介质。尤其是在一些水资源匮乏地区，无水化致裂增透措施更为有用。基于冻融侵蚀现象和水冰相变的膨胀性，本书提出一种液氮循环注入致裂煤层抽采煤层气的方法。煤体在水冰相变冻胀力、液氮汽化膨胀力以及低温液氮对煤体的损伤共同作用下，促使宏观裂隙和微观裂隙扩展连通，构成裂隙网，增加煤层透气性。

本书立足于研究液氮循环致裂煤体孔隙结构演化及其致裂增透机制，利用实验室实验、理论分析和数值模拟等手段，搭建了液氮致裂增透实验测试系统，基于弛豫谱分析技术和扫描电镜技术，实现了液氮致裂过程中煤体孔隙分布精细量化表征；获得了液氮注入参量与煤体破裂特征参量之间的关系；揭示了液氮致裂过程中煤体宏观—微观裂隙空间扩展、连通规律及液氮致裂增透机制；证明了液氮致裂煤层改善煤体孔隙结构的可行性，探究了液氮致裂煤体的致裂机制，并提出了液氮致裂煤体抽采煤层气的应用思路。并获得以下主要结论：

(1) 随着液氮致裂时间的增加，煤体中各尺寸孔隙逐渐发育，出现更多新尺寸的小孔隙和大裂隙，微小孔隙逐渐发展连通为较大尺寸裂隙，煤体孔隙复杂性和连通性增强；煤体的有效孔隙度和总孔隙度增量率均同液氮致裂时间和致裂循环正相关；煤体残余孔隙度增量率同致裂时间和致裂循环负相关。扫描电镜结果表明，随着液氮致裂循环的增加，在煤体内部沿割理方向逐渐形成相互贯通的裂隙网络，进而在煤体表面形成宏观的冻融裂纹。煤体在液氮冻结中发生“冻缩—冻胀—冻缩”循环交变的应力作用，因此可利用液氮循环冻融来实现交变应力循环加载促进煤体裂隙发育。通过控制合理的致裂循环次数可实现煤体致裂的高效性。

(2) 开展了关于液氮致裂时间、致裂循环、煤体含水率和煤变质程度对致裂煤体物性改造规律的探索试验。4 种致裂变量对致裂煤体的孔隙结构、孔隙度和渗透率均具有不同的改造规律。其中致裂循环次数对煤体物性的改造尤为明显。液氮对不同煤阶煤体物性的改造规律受煤体初始孔隙度影响，一般情况下，改造效果为：褐煤＞无烟煤＞烟煤。本书分析了3种经典的NMR渗透率模型，通过精度对比，发现SDR模型渗透率与气体渗透率最吻合。并基于SDR渗透率模型，得出了适用于低变质煤的渗透率与致裂变量的预测公式。

(3) 利用核磁共振技术和分形维数理论对致裂过程中的低阶煤体孔隙特征进行了关联分析，推导了基于横向弛豫时间T_2和孔隙度的核磁共振分形维数的表达式。书中根据煤体孔隙中的流体状态和孔径大小，把致裂煤体内部孔隙的分形维数分为5种。结果表明吸附孔分形维数D_A小于2，吸附孔不具有分形特征；束缚水状态和饱和水状态的分形维数D_{ir}和D_T拟合不规律，密闭孔隙的分形特征不明显；自由水状态的分形维数D_F和渗流孔分形维数D_S拟合度高，开放孔隙和瓦斯渗流孔隙具有很好的分形特征。通过关联分析发现，D_F和D_S与液氮致裂时间和致裂循环次数负相关。致裂过程中，煤体孔隙度和渗透率均与分形维数负相关，并得出了渗透率与分形维数D_F和D_S的预测模型。分形维数越小，孔隙分布越均匀，连通程度越高，越有利于煤层气的产出。

(4) 研究了致裂煤样的单轴压缩破坏过程中压密、弹性、屈服和破坏4个阶段的力学特性、声发射特征及裂隙发展规律。液氮致裂后煤体的弹性模量、单轴抗压强度、纵波波速均减小，泊松比增大。得出了基于弹性模量的损伤变量和液氮致裂参量间的关系模型，发现损伤变量随着致裂时间增加到0.12的时候基本停止增加，但致裂循环作用对煤体造成的损伤则不断加深，且在致裂20次循环后有一个损伤加速的过程。研究了液氮致裂时间、致裂循环次数和煤体含水率对致裂煤体在单轴加载条件下的力学特征。液氮致裂时间和煤体含水率在一定范围内会降低煤体强度，但致裂循环则会对煤体造成持续性损伤作用，其中煤体含水率对煤体的致裂损伤受饱和含水率的限制。

(5) 研究了真三轴围压下液氮注射过程中试样的传热与致裂特征。结果表明单次液氮注射主要是通过固体介质进行冷量的传递，且损伤区域只出现在注射管附近，不能持续扩散；但循环式液氮注射能形成有效的裂隙网络，液氮的冷量沿着裂隙进行传递，且伴随着主裂隙的贯通会在试样整体范围内产生塑性变形，直到试样屈服破坏。结果表明循环式液氮注射相比单次液氮注射具有冻结过程降温更快和融化过程升温更快的特点。在相同的注射时间下，循环式液氮注射的制冷范围远远大于单次液氮注射。并得出在流动状态下，高压氮气促使水分运移至新裂隙尖端的过程是循环式液氮注射形成有效冻胀力和高效致裂的必要条件。

目录

Contents

1 绪论

1.1 选题目的及意义

煤层气(瓦斯)是煤的伴生物,是中国煤矿主要灾害源,也是不可再生能源和强温室气体[1]。中国煤矿高瓦斯煤层占煤矿总数量的50%～70%,目前以每年10～20 m的开采速度向下延伸,煤层深度的增加导致煤层压力和瓦斯压力增大,煤层气爆炸、煤与瓦斯突出等瓦斯灾害日趋严重[2-6]。瓦斯灾害已成为制约煤矿安全高效生产的第一要素[7-12]。煤层气作为一种非常规能源,在许多国家是一种可替代能源[13,14]。中国煤层气总量大,与天然气资源总量相当,根据最近的统计,中国埋深1 000 m到2 000 m的煤层气资源高达22.54×10^{12} m^3,占2 000 m以上煤层气资源的61.23%[15-19]。

瓦斯的高效抽采不仅可以减少矿井灾害事故,保证安全生产[20-23],同时高浓度瓦斯的抽采及利用对中国能源结构改变具有积极的影响[24-26]。煤体通常被认为是一种由煤基质和天然裂隙网络组成的各向异性介质,同时也是一种内含基质孔隙和天然裂隙的双孔隙非均质体[27-32]。瓦斯的抽采效果取决于煤层透气性的优劣,透气性好的煤层内部裂隙发育程度较高,贯通的裂隙网络能够促进游离瓦斯的运移和吸附瓦斯的解吸[33-36]。从20世纪50年代开始,中国开始在高瓦斯和突出矿井推广煤层气抽采技术,煤层气抽采技术已经取得了很大的进步。由于我国瓦斯储层透气性普遍较差,为了提高瓦斯的抽采效率,必须对煤层进行人工强化造缝增透,通过增加煤层贯通裂隙达到提高透气性的目的[25,37-39]。国内外对煤矿井下高瓦斯低透气性煤层进行了多种造缝增透技术的探索性研究,对于有保护层开采的层间卸压造缝增透措施,增透效果较好,技术成熟[33,40-43]。但是对于大多数没有保护层开采条件的高瓦斯低透气性煤层,常规钻孔的抽采方法效果不理想。中国高瓦斯煤层具有地质构造复杂、微孔隙(<10 nm,占65%)及瓦斯高吸附、低渗透性的特点,瓦斯抽采困难,主要靠井下钻孔抽采瓦斯(占70%～80%)[44-50]。常规井下钻孔抽采瓦斯存在的主要问题有:钻孔有效影响范围小(钻孔间距2 m左右)、区域瓦斯抽采需要的钻孔数量多(每个采煤工作面需要数百至上千个钻孔)、钻孔施工工程量大、抽采瓦斯浓度低(≤20%,甚至≤10%),难以资源化利用,因此煤层渗透率低成为制约瓦斯抽采的主要瓶颈[44,51-52]。提高煤层渗透率来实现

瓦斯的高效抽采是目前亟待解决的重大科学问题。随着煤层增透技术的开发研究，水力压裂、水力割缝等许多水力化措施得到应用[25,39,53-55]，其特点都是用水力作为煤体卸压增透的介质，使煤层产生并发育裂隙，提高瓦斯抽采效果[56-58]。但是采用水力化措施用水量大，在一些水资源匮乏地区难以开展。因此，寻找一种有效的无水化致裂技术具有重要意义。

1.2 研究现状及发展趋势

1.2.1 无水化致裂技术的研究现状

随着煤矿井下瓦斯治理研究工作的深入开展，低透气性煤层造缝增透技术不断发展，许多无水化致裂增透措施得到应用并取得了很好的应用效果，其特点都是用非水物质作为煤层致裂增透介质[59-71]。侯鹏等研究了脉冲注气对煤体力学特性和渗透率的影响[59]，李伟龙研究了液氮超低温作用对压裂技术的影响[61]；陈喜恩[60]、卢义玉[62]、王兆丰[63]、文虎[64]等开展了液态 CO_2 或超临界 CO_2 对煤岩体致裂增透效果和致裂机理的研究；洪溢都[65]、李贺[67]等开展了关于微波对煤体升温和煤体孔隙发育的影响研究，结果表明微波环境可有效改善煤体孔隙结构；刘健、刘泽功等研究了深孔定向聚能爆破增透机制[68]；林海飞等研究了注气驱替抽采瓦斯的技术[71]。

无水致裂技术避免了水资源污染和煤储层伤害，不会导致含有松软黏性矿物质的煤层吸水膨胀而堵塞瓦斯运移通道，各国研究人员都在积极寻找水力致裂增透的替代技术[72-76]。因此，低透气性煤层无水化致裂必将成为未来发展趋势。

相比气态 N_2（氮气）致裂，液氮致裂吸引了更多研究者的兴趣[74,75,77-79]。在常压下，液氮温度可达－196 ℃，液氮汽化膨胀为 21 ℃纯氮气时具有 696 倍的膨胀率，在有限空间内可产生巨大气压[80-82]；另一方面，液氮汽化潜热为 5.56 kJ/mol，汽化时可吸收周围大量热量，煤层割理中大多含水，当煤岩与液氮接触时，煤岩孔隙中的水分在液氮汽化吸热过程中会迅速冻结，水冰相变约产生 9％的体积膨胀，理论上能够产生高达 207 MPa 的冻胀力[83]。

液氮具有制备简单、原料来源广泛等优点，在煤体循环致裂中液氮可作为一种高效的制冷和增透介质。本书基于冻融侵蚀和水冰相变的膨胀性，提出了液氮循环致裂增透抽采瓦斯的方法。煤体在水冰相变冻胀力、液氮汽化膨胀力以及低温液氮对煤体的损伤的共同作用下，促使宏观裂隙和微观裂隙扩展连通，构成裂隙网，增加煤层透气性。本方法具有较强的煤层适用性，可实现煤层气快速高效抽采的目的，由于冰的不可流动性和水冰相变的膨胀性[83,84]，使得液氮致裂具有传统流体压裂不具备的致裂效率。因此，该方法在抽采煤层气中具有广阔的应用前景。

1.2.2 液氮致裂技术研究进展

煤储层的液氮致裂作为一种创新性的方法,之前并没有被深入研究和广泛应用。20 世纪 90 年代,在 San Juan 煤层气产地进行了一些尝试性工作,结果表明液氮可以有效地增加煤层渗透率[85]。McDaniel 等指出液氮注入煤层气储层后形成的剧烈温差冲击作用使裂缝壁面产生物理变化,能够防止水力裂缝和热诱导裂缝在闭合应力的作用下完全闭合,而且会产生与水力裂缝正交的热诱导微裂缝[85]。由于液氮温度极低,液氮注入岩石后与周围介质发生温度交换,逐渐在岩石内形成一定的温度梯度,Cha 等研究证明液氮作用所产生的温度梯度能够使岩石内部生成裂隙并且改变岩石结构,当钻孔邻近介质接触液氮时,会受到瞬间的冷冲击,液氮的低温特征使得岩石骨架发生剧烈的收缩而断裂,产生大量的微裂缝[74]。Grundmann 等通过液氮对页岩的压裂,得出产气率相比传统方法提高了 8% [86]。李和万等研究了液氮冷加载循环作用下煤样的力学强度,结果表明液氮冻结可有效降低煤体强度[76]。Coetzee 等用液氮作为压裂液,发现可以有效促进裂隙的发育延伸[78]。郭晓康等研究了液氮半溶浸煤致裂增透效果,结果发现液氮致裂可有效增加煤体渗透率[79]。黄中伟等研究了液氮冻结对岩石抗压等力学强度的影响,发现液氮对岩石力学特性影响显著[82]。蔡承政等通过核磁技术研究指出液氮对煤体的冻结损伤大于对岩石的损伤,液氮冻结后的煤体孔隙度和渗透率增加且力学强度降低,并且损伤程度随含水率增加而增大,液氮对煤体的冻结损伤大于对岩石的损伤[77,87-89]。Li 等提出了一种适用于页岩的液氮汽化压裂技术[75]。王乔等开展了液氮注射致裂煤岩过程中的 CT 扫描研究[90]。张春会等利用激光显微镜观测,证明了液氮作用引起温度拉应力和应力集中导致原生煤体微裂隙扩展和新的微裂隙萌生,可以有效提高煤层渗透率[91-92]。徐红芳开展了液氮在油气层内汽化压裂工艺可用于页岩气开采的可行性研究[93]。

液氮注入煤体过程中还会产生气体致裂效应。液氮吸热汽化可相变成 696 倍体积的气态 N_2(21 ℃),迅速产生极高的气压。侯鹏、高峰等学者[59,94]开展了高压注气煤体孔隙结构演化及渗透率变化的研究,高压注气促进小孔隙向大孔隙演化,增大了煤体的孔隙率和渗透率。液氮汽化形成的高压气团在脉动注入过程中,容易与液氮形成气液两相流,在裂隙尖端形成大小不一的“涡流”,大幅提高气体压力。煤体在气体压裂过程中重复性地扩张-收缩,导致煤体内部衍生出大量的裂隙。上述研究侧重于表面形貌分析,而对于内部孔裂隙三维结构精细表征和力学特征还需要进一步的研究。

1.2.3 冻融侵蚀现象研究现状

冻融现象是自然界中一种自然侵蚀现象,尤其出现在温差变化比较大的物体构造中,如中国青藏高原寒冷地区的公路和建筑物[95-98]。冻融侵蚀是由于岩石裂缝中水分经过冻结膨胀后导致的岩体稳定性下降，在长时间累计下造成的一种自然侵蚀现象[99-109]。自然界中的岩体或者土体经过长时间的循环侵蚀扰动，会对其物体结构形成很大破坏[110-116]。基于冻融侵蚀现象和以上学者的研究，把冻融侵蚀现象应用于煤体的致裂增透中，充分发挥冻融侵蚀的损伤致裂作用。煤层割理中大多含水，当煤岩与液氮接触时，液氮的超低温作用使得地层水结冰膨胀，产生的致裂破坏导致割理的渗透率增加。地层水结冰产生冻胀力对煤岩基质产生挤压作用，使煤岩基质产生挤压破坏。割理中的自由水在结冰过程中体积发生膨胀，冰会沿着割理楔入煤岩，导致煤岩破裂、割理延伸；地层水在致裂过程中发生迁移对煤层造成破坏。现有冻胀致裂研究主要针对高寒地区的岩石冻结致裂破坏等力学特性[95,97,117-121]，对于液氮注入煤体后产生的致裂效应及致裂增透机理方面的研究较少。由于煤体的非均一性强，环境系统和煤体本身的结构、物理力学性质差异大，导致冻结温度对煤体的冻胀损伤的作用不同，关于这方面的深入研究尚未开展。

冻融侵蚀现象对建筑物和岩体稳定性造成了很大损害。基于寒区结构稳定性，很多学者关于岩石和土体的冻融变量和冻融失效模式进行了很多研究[101,122-124]。M. Ishikawa 等对日本北部某山顶悬崖基岩的裂隙宽度和内部温度进行了一个月的监测，液态水在裂隙尖端冻结膨胀是引起裂隙扩展和破坏最重要的因素[125]。A. Hasler 等对瑞士山体岩石滑坡行为进行了现场监测，发现裂隙扩展长度随温度的降低而增加，岩体的剪切膨胀主要是在冻融季节出现[126]。

1.2.4 冻融循环对岩石损伤的研究进展

同时，在冻融煤岩试样孔隙结构分析方法方面也开展了很多有效的探索。Yao Yanbin 等研究发现，低场核磁共振技术在区分有效孔隙度和残余孔隙度，以及分析孔隙结构方面具有优势[127-128]。G. P. Davidson 和 J. F. Nye 在有机玻璃表面预制了一个狭槽，利用光弹性技术测得水在该狭槽中冻结产生的最大冻胀冰压力为 1.1 MPa，裂隙中的冻胀冰压力与冻结率几乎呈线性关系[129]。对于饱和岩体，水冰相变大约产生 9%的体积膨胀，如果不考虑岩体的承压能力，理论上能够产生高达 207 MPa 的冻胀力[83]。D. Arosio 等认为，在−4 ℃时开口裂隙中的冰压力最大，达到了 5 MPa[84]。对于微孔隙材料，最低的过冷温度产生在直径为 0.05 μm 的孔隙中，只有温度降低到−2 ℃以下孔隙中的水才会发生冻结[130]。T. Sandström 等通过岩石冻融试验指出冻融循环次数对孔隙介质吸水量、岩体损伤裂隙发育、水分迁移和岩体力学强度有重要影响[83]。J. P. McGreevy 和 W. B. Whalley 指出，岩体中的初始含水率决定岩体冻胀损伤程度，其水分含量会随着冻融循环次数、冻结时间变化而波动，工程实际情况下应该考虑岩体中水分含量变化对冻融损伤的影响[131]。N. Matsuoka对闭合系统下的饱和安山岩进行了不同冻结速率下的低温冻结试验，结果表明：冻结速率 $v=6℃/h$ 下的岩体平均应变是 $v=2℃/h$ 下平均应变的1.4倍，快速冻结对于饱和封闭岩体的冻胀损伤较大[132,133]。Li Song等通过核磁共振技术研究分析了不同煤阶煤炭的 T_2 分布曲线[134]。Winkler等测试得到的岩石内部孔隙冰在－5 ℃、－10 ℃和－22 ℃的膨胀压力分别为61 MPa、113 MPa和211.5 MPa，远远大于煤体抗拉强度，从而产生新裂隙或使原生裂隙进一步扩展[135]。Hale和Shakoor研究发现多次冻融循环可有效减小岩石抗压强度并增大孔隙度[122]。Yavuz等利用12种不同的碳酸盐岩石进行20次冻融风化，冻融后岩石孔隙度和纵波波速等物理特性发生了明显的变化[124]。徐光苗[136,137]、杨更社[138,139]等通过岩石冻融实验指出冻融循环次数对孔隙介质吸水量、岩体损伤裂隙发育、水分迁移和岩体力学强度有重要影响。张慧梅等指出，岩体中的初始含水率决定岩体冻胀损伤程度，其水分含量会随着冻融循环次数、冻结时间变化而波动[140,141]。周科平等利用核磁技术对花岗岩的冻融进行了研究，岩体经历多次冻融循环后会引起结构损伤[142-144]。李杰林等对不同冻融循环次数下的岩体进行了核磁共振研究，发现孔隙率随着冻融循环次数增加而增大[111,145,146]。

1.3 目前存在问题

煤层气的高效抽采不仅可以减少矿井灾害事故，保证安全生产，同时高浓度抽采及利用煤层气对改变能源结构具有积极的影响。但是液氮冻结煤体致裂机理和影响因素尚不清楚，为了科学地利用液氮循环致裂方法抽采煤层气，本书针对液氮致裂过程中的孔隙演化规律和裂隙演化的力学机理进行了研究，探索致裂过程关键参数的影响规律，为进一步的工程应用提供理论基础。

基于现有对液氮致裂增透作用的研究，液氮致裂可以极大地缓解常规水力压裂对水资源的依赖及缺水地区的压力，不会对煤层气储层和周围环境造成污染，在煤矿井下瓦斯抽采中具有非常好的应用前景。但是井下煤层与页岩气、致密气等储层相比，煤体原生和次生裂隙系统发育十分复杂，煤层内部切割裂隙与原生微裂隙、孔隙在规模和尺度上有很大差异，物理力学性质呈现明显的各向异性[147,148]，导致液氮侵入的顺序和运动状态也不一样，煤体裂隙扩展模式比岩石要复杂得多。因此，液氮致裂是一个断裂力学和非均匀径向流耦合过程，也是一个多相变的复杂动力学过程，如何预测、控制这个动态过程是整个工程应用的关键。同时由于我国深部煤层赋存条件的复杂性，缺乏适合我国低透气性煤层液氮致裂理论基础，不能对工程实践形成有效的支撑。

目前常规井下煤层液氮致裂技术主要有两个问题尚未很好地解决：一是现有液氮致裂

一般局限于单次注入液氮，受煤层最大主应力方向影响较大，容易形成较大的单一裂缝[78,85]；二是煤层非均质性强、孔裂隙发育特征复杂，液氮对煤岩体产生的汽化膨胀致裂、冻结致裂和低温致裂三重致裂作用机理研究不足，难以直观、有效地获取液氮致裂煤层孔隙结构特征，孔裂隙系统认识不清，严重制约了液氮致裂技术的工业性应用。

为了解决上述问题，Dennis J. Black 等[149,150]、McDaniel 等[151]通过试验研究还发现重复多次注入液氮后煤体更容易破碎或形成复杂连通裂隙，重复注入液氮还能够有效降低早期水力压裂过程中产生的滤饼残留物等污染物。但上述研究对于重复注氮致裂机理、裂隙与渗透率变化等缺少深入研究，还停留在技术尝试和初步理论分析层面。现有研究在以下关键问题方面还存在着不足：

（1）液氮对煤体孔隙结构和煤层渗透性能影响规律缺少深入的研究；

（2）液氮注入参量与煤体破裂特征参量之间的耦合关系研究不足；

（3）液氮汽化会产生液气相变，煤体孔隙水产生水冰相变，相变过程中冻结致裂、膨胀致裂、低温致裂对煤体损伤及物理力学特性影响规律研究较少；

（4）液氮致裂过程中煤体宏观—微观裂隙空间扩展规律以及液氮在煤岩体中的传热传质规律不清楚。

1.4 主要研究内容

本书将针对上述问题，深入研究液氮对煤体孔隙结构变化和煤层渗透性能影响规律，揭示液氮致裂煤体孔隙演化规律和煤层渗透率变化特征；探索液氮注入参量与煤体破裂特征参量之间的耦合关系；研究液氮注入煤体过程中液气相变、水冰相变对煤体损伤破坏及物理力学特性变化规律；揭示液氮致裂过程中煤体宏观—微观裂隙空间扩展、连通规律。本书的研究为完善和优化液氮致裂增透技术提供理论基础，实现了低透气煤层区域性高效致裂增透的目的。具体研究内容如下：

1）液氮对煤体孔隙结构变化和煤层渗透性能影响规律

研究液氮致裂煤体孔隙度、孔隙体积和孔径分布的变化规律，利用 NMR 核磁岩心分析技术对液氮致裂过程中煤体微观裂隙进行动态分析，实现孔隙分布精细量化表征；揭示液氮致裂煤体孔隙演化规律和煤层渗透率变化特征，建立液氮致裂煤体孔隙度-渗透率变化关系模型。

2）液氮注入参量与煤体破裂特征参量之间的耦合关系

研究煤体液氮致裂疲劳损伤破坏规律，建立液氮注入参量和裂隙起裂延伸过程、起裂压力、裂隙数量等煤体破裂特征参变量之间的关系；研究在不同液氮注入参量条件下煤体温度场的分布特征。

3）液氮注入煤体过程中液气相变、水冰相变对煤体损伤破坏及物理力学特性变化规律

研究液氮注入后在煤体孔隙中赋存状态变化特征，建立液、气流体在煤体裂隙内的渗流模型；探索煤体裂隙细观结构与宏观力学的物理关系，描述液氮煤体损伤致裂的力学过程，并揭示不同荷载形式下裂隙演化规律、煤体的损伤破坏特性及煤体的物理力学参数变化特征。

4）液氮致裂过程中煤体宏观—微观裂隙空间扩展、连通规律及致裂效果评价方法

研究液氮注入煤体过程中参量、煤体力学特征和裂隙空间扩展的耦合关系，确定液氮致裂裂隙发育、连通的关键控制因素；建立液氮载荷下裂隙演化模型，提出液氮致裂裂隙控制与致裂效果评价方法。

1.5 研究方法及技术路线

1.5.1 研究方法

项目的研究方案具体如下：

(1) 基于核磁共振弛豫分析技术，采用核磁共振岩心分析技术(NMR)对液氮致裂煤样进行 T_2 谱图、孔隙类型和孔隙度测试，采用环境扫描电镜(SEM)对致裂过程中煤体微观裂隙进行量化分析，研究液氮致裂煤样孔隙度、孔隙体积等变化规律；

(2) 通过调节液氮致裂实验系统压力、频率进行不同物理力学条件下的煤岩体致裂过程中裂隙扩展长度、方向和裂隙密度的研究；采用应力应变监测系统、压力传感器、温度监测仪对液氮致裂过程中煤体的体积应变、膨胀应力、温度及汽化压力等参数进行测试，研究液氮致裂过程中煤体所受的损伤因素及煤体物理特征的动态演化规律，建立液氮注入参量和致裂区煤岩破裂特征参量之间的耦合关系；

(3) 采用三轴加载系统研究不同围岩应力条件下液氮致裂煤体细观结构与宏观力学的关系，建立钻孔液氮致裂力学模型，从理论上描述煤体损伤致裂的力学过程并建立力学准则，研究三轴压力下液氮在试样中的传热传质规律；

(4) 采用超声波、NMR、温度、压力及应变监测等技术研究液氮在煤体孔隙中赋存状态，建立液、气流体在裂隙内的流动模型；

(5) 通过温度测试、压力监测、应变监测和声发射等手段揭示液氮注入过程中液气相变、水冰相变所产生的冻结致裂、膨胀致裂、低温致裂三重力学作用机制及煤体的物理力学参数变化特征；

(6) 通过三轴加载系统及 AE 声发射系统测试不同液氮致裂参量处理煤样的力学特征参数,监测致裂煤体在实验过程中裂隙闭合压密、弹性、屈服、破裂各阶段的声发射特征,研究煤体受力作用下的裂纹产生、扩展、连通及破坏的过程,反演煤体的破坏机制;

(7) 研究液氮注入煤体过程中参量、煤体力学特征和裂隙空间扩展的耦合关系,通过数值模拟方法研究钻孔布置方式或人工诱导裂隙对煤体致裂效果的影响与导控机制,确定液氮致裂裂隙发育、连通的关键控制因素,提出液氮致裂效果评价方法。

1.5.2 技术路线

通过大量的基础性实验并结合理论分析、数值模拟开展低透气性煤层液氮致裂煤体孔隙演化规律和损伤机制研究,技术路线图及总体研究思路如图 1-1 所示。

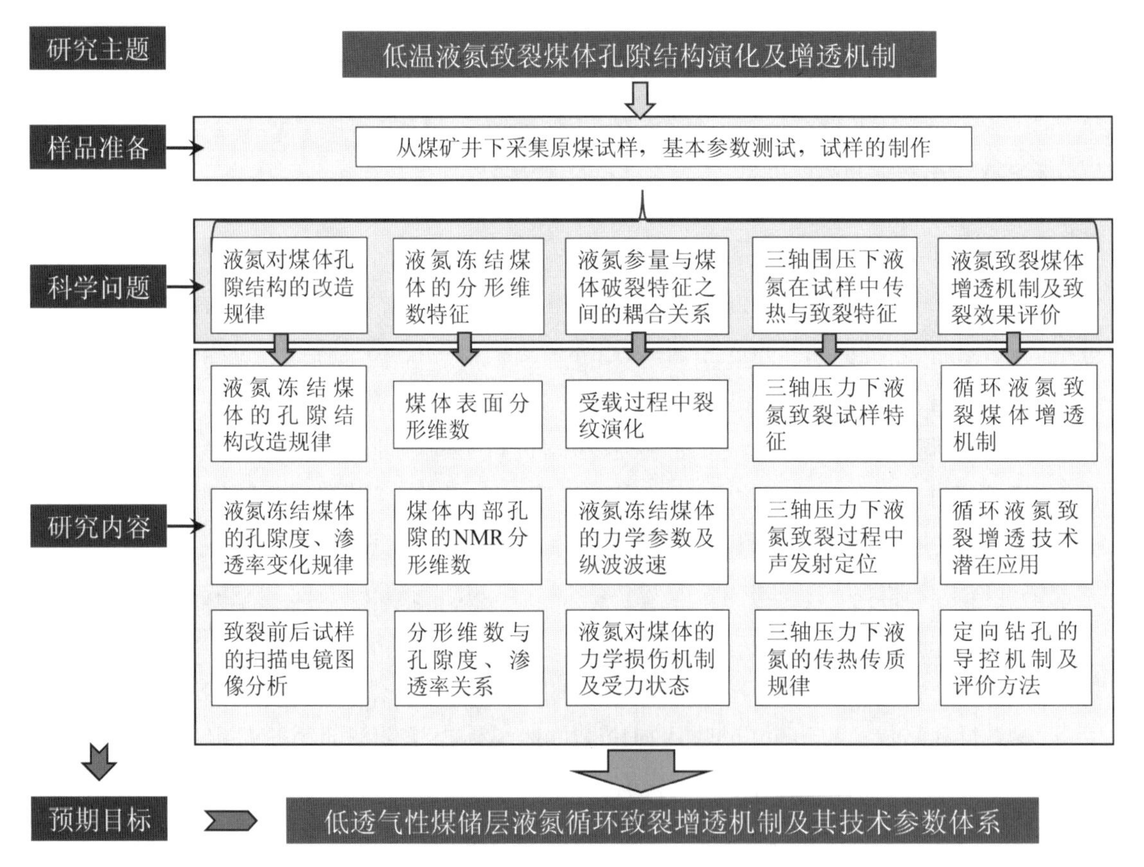

图 1-1 技术路线图

1.6 研究进展及主要成果

本课题以研究液氮致裂煤体的作用机制和物性变化规律为目标，通过大量现场调研、理论分析、实验室实验和数值分析等方法，搭建了液氮致裂测试系统；开展了低透气性煤储层液氮循环致裂煤体孔隙演化及力学特性变化规律研究；分析了在真三轴围压下液氮注射过程中试样的传热与致裂特征；并基于实验结果研究了液氮循环致裂煤体的致裂增透机制及该技术的潜在应用思路。

2 基于核磁共振技术的液氮致裂煤体实验

2.1 液氮致裂实验系统搭建

2.1.1 试样的制备

本研究中，3 种不同变质程度的煤样分别取自内蒙古胜利煤田的褐煤、内蒙古准格尔煤田的烟煤、甘肃新北煤田的无烟煤，其中致裂变量中致裂时间、致裂循环和煤体含水率所用煤样为胜利煤田的褐煤。所有煤样结构均为原生结构煤，为保证实验精度，同一变量所用试样均取自同一煤块。取样直径为 25 mm，高度 50 mm，然后对初步钻取的煤样进行物性测试，通过物性测试选择相似样品，如图 2－1 所示。3 种煤的基本参数和工业分析见表 2－1。

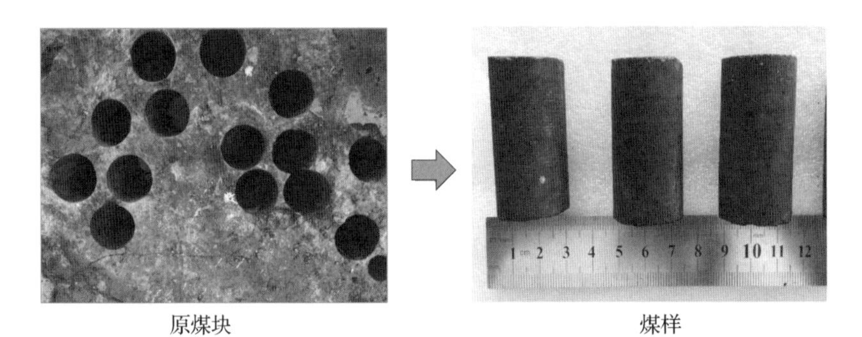

原煤块 煤样

图 2－1 试样准备

表 2－1 煤体显微组分及工业分析参数

煤样	显微组分/vol%				$R_{o,max}$ /%	工业分析/wt%			
	V	I	E	M		M_{ad}	A_{ad}	V_{daf}	FC_{ad}
褐煤	80.5	14.5	3.7	1.3	0.331	10.67	14.53	43.5	68.7
烟煤	63.6	30.3	2.5	3.6	1.45	1.73	10.42	12.33	75.52
无烟煤	84.5	12.5	1.6	1.4	2.91	1.01	1.95	8.51	88.62

注：V 为镜质组，I 为惰质组，E 为壳质组，M 为矿物质，M_{ad} 为空气干燥基水分含量，A_{ad} 为空气干燥基灰分含量，V_{daf} 为干燥无灰基挥发分含量，FC_{ad} 为固定碳含量；vol%为体积百分数，wt%为质量百分数。

2.1.2 实验系统及设备

本研究涉及的主要设备包括：

1）液氮致裂实验系统

包括液氮致裂实验箱 DN300，双通道温度监视器 TM201-2、静态应力应变测试分析系统 DH3818-1、自增压液氮罐 YDZ-50，实验系统如图 2-2 所示。

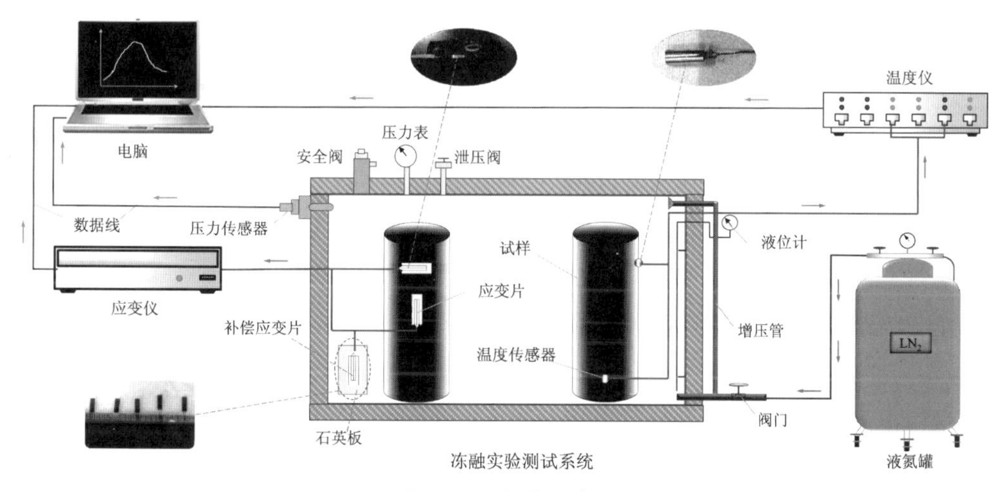

图 2-2 实验系统图

2）核磁共振测试系统：核磁共振测试采用苏州纽迈电子科技有限公司 MR-60 核磁共振岩心分析仪，设备主磁场为 0.51 T，射频脉冲频率为 1.0～49.9 MHz，射频功率为 300 W，如图 2-3 所示。主要测试参数：射频信号频率主值 *SF* 为 32 MHz，磁体温度 *T* 为 32 ℃，单

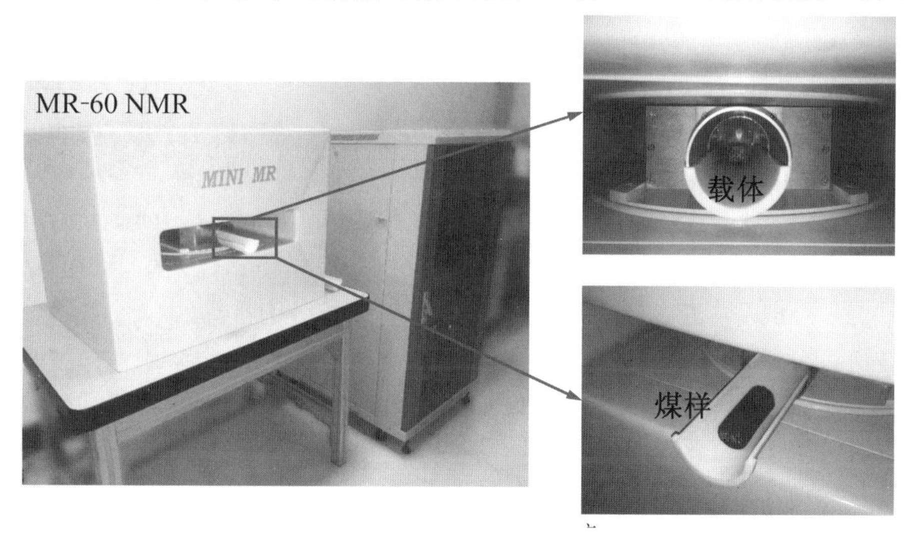

图 2-3 核磁共振测试系统

次采样点数 TD 为 1024，累加采样次数 NS 为 32 次，回波时间 TE 为 0.233 ms，回波个数 NECH 为 6 000。致裂煤样分别在真空压力值为−0.1 MPa 的真空饱水装置中饱和水 12 h，在离心压力为 1.38 MPa的离心机中离心 90 min，获取饱水和离心两种含水状态[128,152]。

3）扫描电镜分析系统：采用美国 FEI 制造商生产的 FEIQuantaTM250 型扫描电子显微镜，如图 2－4 所示。环境真空模式分辨率：≤3.5 nm @ 30kV (SE)；放大倍数：6 倍～100 万倍；加速电压：0.2 kV～30 kV。

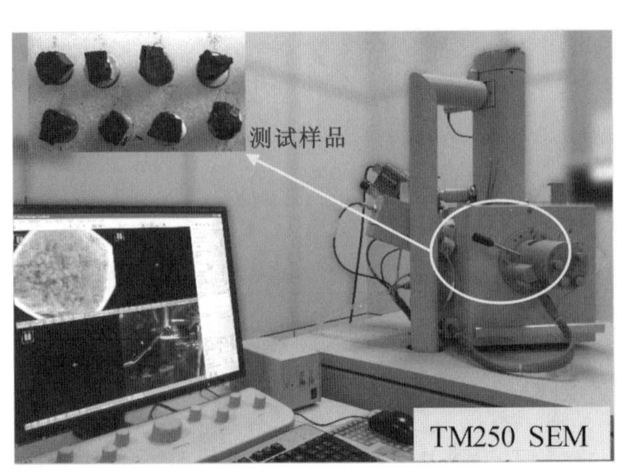

图 2－4　扫描电子显微镜 TM250

4）测试系统配套设备：真空干燥箱 DZF-6020、真空饱水装置、岩石离心机等，如图 2－5 所示。

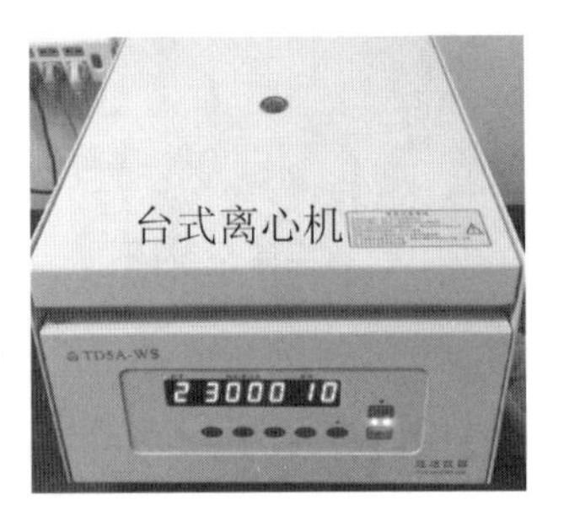

图 2－5　测试系统配套设备

2.1.3　实验流程

对煤样编号后，通过真空干燥箱和饱水装置测试煤体质量和孔隙度等参数，饱水煤样在液氮致裂实验箱中分别进行致裂处理，致裂时间分为：1 min、5 min、10 min、20 min、30 min、40 min、50 min、60 min；循环致裂次数分为：1 次、5 次、10 次、15 次、20 次、25 次、30 次，其中每个循环冻结 5 min，室温融化 5 min；不同含水率煤样分为：0%，2.7%，6.3%，9.9%，11.5%，致裂 90 min，含水率等级通过干燥箱控制；煤体变质程度分为：褐煤（致裂时间、致裂循环和煤体含水率）、烟煤和无烟煤，致裂 60 min。

通过核磁共振技术测试致裂后煤体的饱水和离心两种状态，并通过扫描电镜技术对致裂煤体的微观形态进行观测，整体实验流程如图 2－6 所示。图 2－7 展示了经液氮致裂前后的煤样表面宏观图。

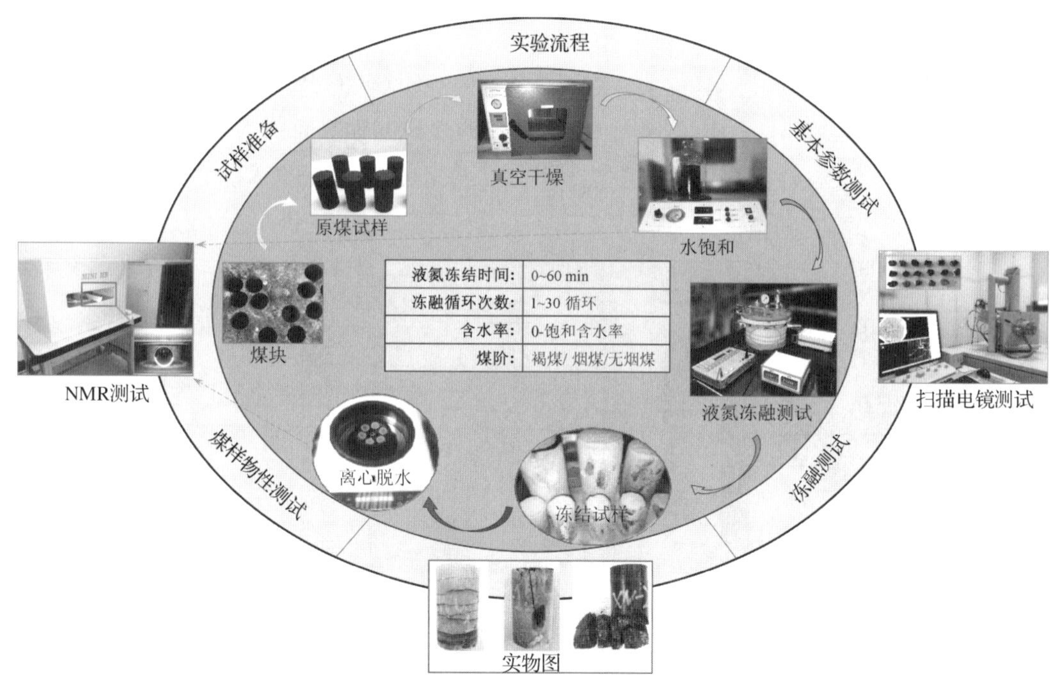

图 2-6 实验设备及流程

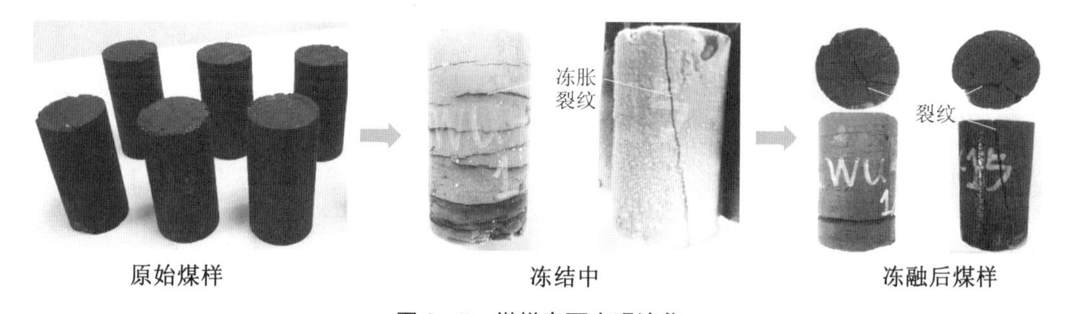

图 2-7 煤样表面宏观演化

2.2 低场核磁共振测试技术及原理

煤体的孔隙特征包括煤体孔径的大小、连通性,以及孔隙数量的分布和比例[128,153]。表征煤体孔径的方法一般分为定性分析法和定量分析法,其中定性分析法包括光学显微镜、扫描电子显微镜和透射电镜;定量分析法包括压汞法、氮气吸附法、CO_2 吸附法、小角散射和微型 CT。上述孔径测试方法在一些方面具有局限性:低的测试效率、有限的孔径测试范围、损坏原始孔隙结构[154]。在图 2-8 中,列出了不同孔隙特征测试方法的适用孔径范围:压汞法(100 nm~100 μm),氮气吸附法(2~100 nm),CO_2 吸附法(0.4~20 nm),小角散射

(1～100 nm)等[154,155]。

甲烷(CH_4)分子的直径一般介于 0.34～0.37 nm,并且煤体中的绝大部分甲烷分子都吸附在小于 10 nm 的孔隙中,在图 2-8 所述的方法中,核磁共振具有最大的孔径测试范围,且核磁共振技术具有无损性和测试的高效性[128,156]。因此,核磁共振技术能更加精确地表征煤体中甲烷吸附和渗流空间情况。

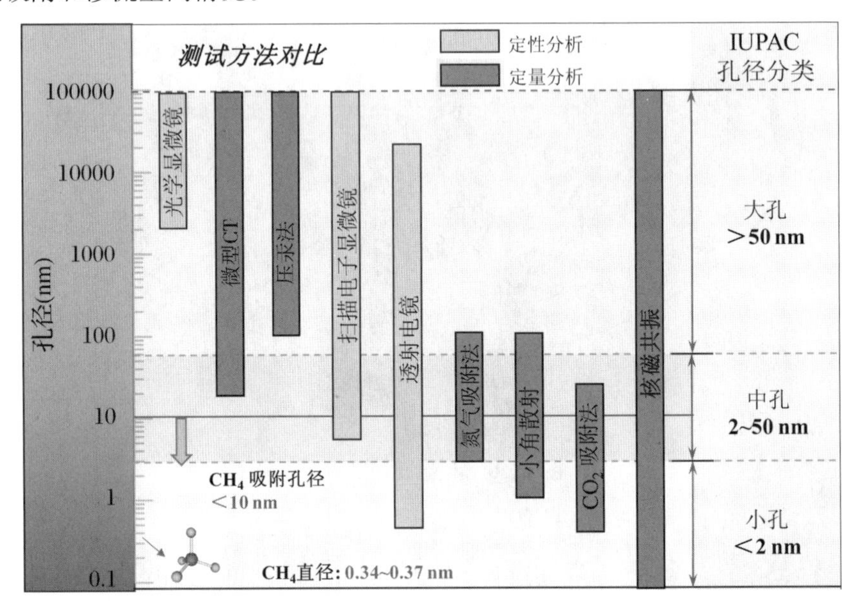

图 2-8 煤体孔隙特征测试方法适用孔径范围(nm)对比图,修订自 Fu 等(2015)[154]

原子核像电子一样也会产生自旋角动量以及磁矩[156]。由于外磁场的作用,核磁矩发生旋进[图 2-9(a)],如果再在和 $\boldsymbol{B}_0$ 垂直的方向施加一个交变磁场 $\boldsymbol{B}_1$,且它的频率在射频范围内[图 2-9(b)],当交变频率与核磁矩旋进频率同步时,则产生共振吸收现象;当射频磁场 $\boldsymbol{B}_1$ 被撤去后,这部分能量又以辐射形式被释放出来,这种现象叫做共振发射。以上产生的共振的吸收和发射过程被称为核磁共振[157]。

移除射频磁场后,z 轴方向上的磁场 $\boldsymbol{M}_0$ 不断增大至原来的值,xy 方向上的磁场 $\boldsymbol{M}xy$ 不断减小为 0,如图 2-9(c)所示。磁场强度均以指数形式变化,当 z 轴磁场增加到原来的 63%时,此时的时间被称为 T_1 弛豫时间(自旋-晶格弛豫时间)。当 xy 方向磁场减小到原来的 37%时,此时的时间称之为 T_2 弛豫时间(自旋-自旋弛豫时间)[156-158]。不同物质对应不同的 T_1 和 T_2 值,不同物质处于不同相态,弛豫时间也有差别,这正是核磁共振分析技术的基础[156]。

核磁共振是对完全饱和水的试样进行 CPMG 脉冲序列测试,然后获取表征不同大小孔隙内水信号的自旋回波串衰减曲线。通过一组指数衰减曲线之和来拟合自旋回波串衰减的幅度,得到不同的衰减常数,这些衰减常数的叠加就组成了横向弛豫时间 T_2 分布。

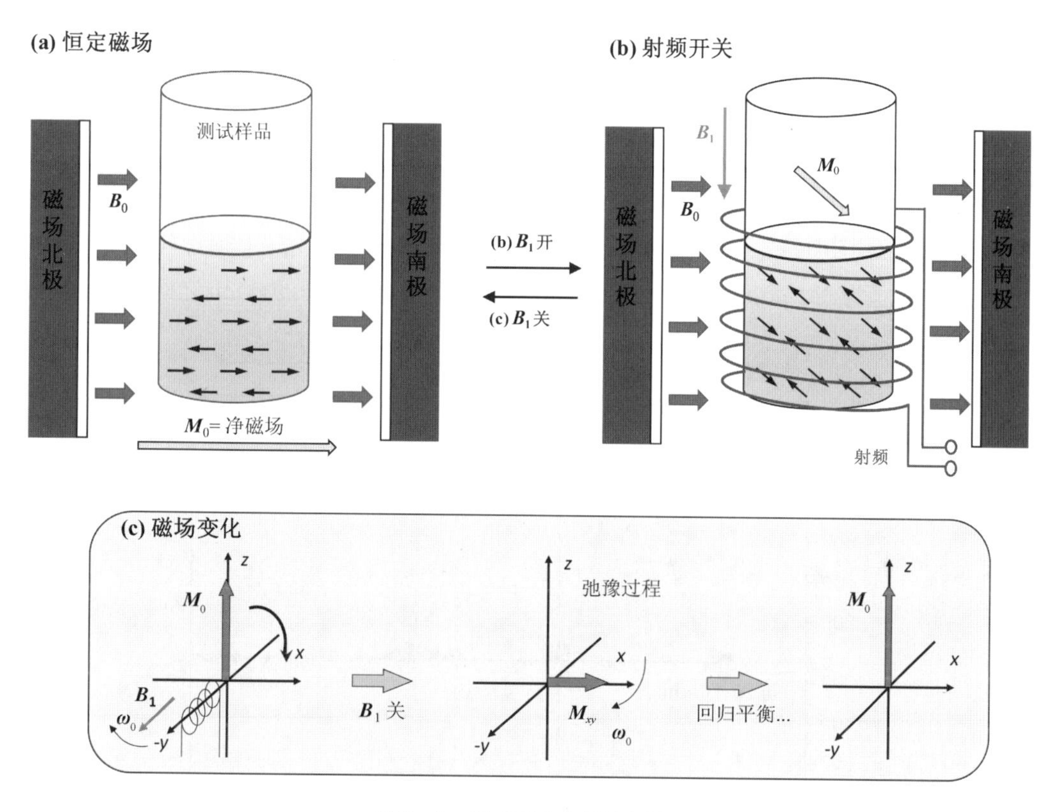

图 2-9　核磁共振测试原理图

通过 T_2 获取煤体孔隙中的微小孔、中孔、大孔及裂隙的分布情况、连通性以及煤岩的各种物性参数。核磁共振的横向弛豫时间 T_2 和孔径 r 的关系可表达为[159-163]：

$$\frac{1}{T_2}=\rho\cdot\frac{S}{V}=F_S\cdot\frac{\rho}{r} \tag{2-1}$$

式中，T_2 为横向弛豫时间(ms)，ρ 为横向表面弛豫强度(μm/ms)，S 为孔隙表面积(cm^2)，V 为孔隙体积(cm^3)，F_S 为孔隙形状因子(球状孔隙，$F_S=3$；柱状孔隙，$F_S=2$，裂隙，$F_S=1$)，r 为孔径。

2.3　液氮致裂条件下煤体孔隙演化测试结果

2.3.1　不同致裂条件对煤体孔隙演化的影响

2.3.1.1　单次液氮致裂过程

根据公式(2-1)，煤体孔径 r 和核磁共振的横向弛豫时间 T_2 的关系可以表示为公式(2-2)：

$$r=T_2F_S\rho \qquad (2-2)$$

横向弛豫时间 T_2 可以反映煤体中孔隙的分布，T_2 值大小与孔隙孔径正相关，T_2 曲线幅值与对应孔径的数量也是正相关，所以 T_2 曲线分布反映了煤体孔隙的分布[152]。

根据谢松彬等研究[164]，中低阶煤炭的横向表面弛豫强度 ρ 可取 $0.98\times10^{-8}\sim5\times10^{-8}$ m/ms，在低变质煤的 T_2 谱图中，第一个峰 T_2 截止值在 2.5～4 ms 之间，根据公式(2-2)和图 2-10 可得第一个峰对应直径为 0.1 μm 以下孔隙，第二个峰对应直径为 0.1 μm～100 μm 之间孔隙，第三个

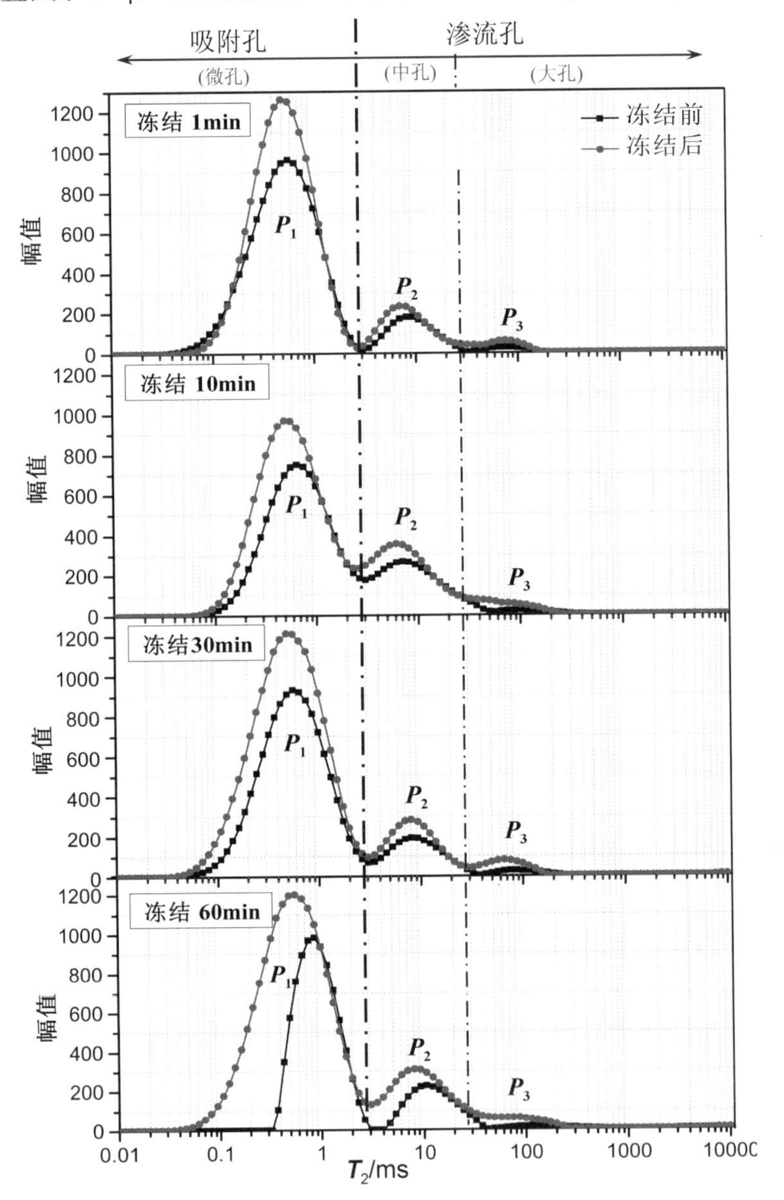

图 2-10　不同液氮致裂时间下煤体的 T_2 谱图

峰对应直径大于 100 μm 的裂隙，根据 Yao 等对煤孔径的分类，低变质煤 T_2谱图中第一个峰对应煤体中孔隙为微小孔，属于煤层瓦斯的吸附孔（瓦斯吸附容积），第二个峰对应煤体中孔隙为中大孔，第三个峰对应煤体中孔隙为裂隙孔[127,128]。

根据陈向军等、程庆迎等、李子文等研究，可把第二个峰和第三个峰对应孔隙划分为渗流孔（瓦斯渗流空间），本书在低变质煤 T_2谱图第一个峰弛豫时间截止值处把煤体孔隙分为吸附孔和渗流孔两种[165-167]。

对于同一变质程度和孔径的煤，F_S 和 ρ 可认为是常数，设低变质煤微小孔 $F_{S1} \cdot \rho$ 为常数 a，第 i 时间的弛豫时间 T_{2i} 对应孔径为 r_i，则低变质煤 T_2谱图中所有孔径 r_i的计算公式可由公式（2－2）计算得出：

$$r_i=\begin{cases} aT_{2i} & \text{（大孔）} \\ 2aT_{2i}/3 & \text{（中孔）} \\ aT_{2i}/3 & \text{（小孔）} \end{cases} \tag{2-3}$$

在本书 T_2谱图中，微小孔取值范围为第一个峰对应区间，中孔取值范围为第二个峰对应区间，大孔及裂隙取值范围为第三个峰及其后峰对应区间。

根据液氮致裂前后真空饱和水煤样的低场核磁共振检测，得出不同液氮致裂时间下，煤样的 T_2谱图变化趋势，从而分析煤体中不同孔径孔隙随液氮致裂时间的变化规律。由公式（2－2）可得横向弛豫时间 T_2与煤样孔径 r 成正比关系，T_2越长对应的孔径越大，T_2越短则相对应的孔径越小，T_2就可以反映出煤样的孔径大小分布规律，不同峰值面积则表示不同孔径孔隙的数量[162]。图 2－10 为低变质煤核磁共振 T_2谱图，第一个峰 P_1 最高，第二个峰 P_2 次之，第三个峰 P_3 最小，说明低变质煤中微小孔发育较好，中孔次之，大孔不发育；经过液氮致裂后的煤体，各峰的起止弛豫时间区间宽度增加，T_2曲线幅值增加，说明煤体经过液氮致裂后出现更多尺寸的孔隙，各尺寸孔隙的数量也增加。煤体经过液氮致裂 1 min、10 min、30 min和 60 min 后，吸附孔 T_2谱面积分别增加 2484、3095、5332、8674，吸附孔 T_2谱面积增长率分别为 19%、31%、43%和 102%；渗流孔 T_2谱面积分别增加 865、1353、1202 和 1886，渗流孔 T_2谱面积增长率分别为 46%、39%、54%和 80%；全孔 T_2谱面积分别增加 3349、4448、6534 和 10560，全孔 T_2谱面积增长率分别为 20%、33%、45%和 97%。煤体经过液氮致裂后，微小孔、中孔和大孔面积均有增加，随着液氮致裂时间的增加，吸附孔、渗流孔和全孔的孔隙数量和 T_2谱面积增加率均增加，且与液氮致裂时间正相关。从图 2－10 中可知，致裂后 T_2谱图中随着液氮致裂时间的增加第一峰弛豫时间起始值左移程度越来越大，说明随着致裂时间增加煤体中出现尺寸更小的孔隙；随着液氮致裂时间的增加三个峰 P_1、P_2、P_3 之间界限越来越小，各弛豫时间对应不同尺寸孔隙的数量增加，煤体孔隙复杂性和连通性增强；当致裂时间为 60 min 时，各孔隙 T_2谱面积增加率都最大，第三个峰 P_3 的 T_2截止值比原始煤样明显增加，说明中孔和大孔逐渐连通生成更大的孔隙。可以得出，随着致裂时间的增加，各尺寸孔隙逐渐发育，出现更多尺寸的小孔隙和大裂隙，微小孔隙逐渐发展连通为较大尺寸裂隙，煤体孔隙复杂性和连通性增强；吸附孔、渗流孔和全孔的孔隙数量和 T_2 谱面积增加率均与液氮致裂时间正相关，当煤体致裂达到一定程度时，煤体表面出现明显的冻胀裂纹，见图 2－7。

在 T_2 谱图中，单位孔隙面积的增长率能很好地定量表达煤体中孔隙数量的增长速率。为了更好地定量分析煤体中孔隙经过液氮致裂后的变化，通过对液氮致裂前后煤体的 T_2 谱图分析统计，得出煤体中不同孔隙 T_2 谱面积增加率随液氮致裂时间的变化趋势，如图 2－11 所示。设致裂前后各孔 T_2 谱面积变化量为 ΔS，全孔 T_2 谱面积变化量为 ΔS_t，时间 t 对应原始煤体孔隙 T_2 谱面积为 S_t，全孔 T_2 谱面积增长率为 D_t，见公式(2－4)和公式(2－5)：

$$\Delta S = S_{post} - S_{pre} \tag{2-4}$$

$$D_t = \frac{\Delta S_t}{S_{tpre}} = \frac{S_{tpost} - S_{tpre}}{S_{tpre}} \tag{2-5}$$

从图 2－11 可得出，渗流孔 T_2 谱面积增长率随液氮致裂时间表现为“增加下降—增长上升”趋势，吸附孔和全孔 T_2 谱面积增长率随液氮致裂时间表现为“快速增长—增长稳定—快速增长”的趋势，根据吸附孔和渗流孔 T_2 谱面积增长率的大小把 60 min 液氮致裂时间分为四个阶段：渗流孔发育优势段Ⅰ(0～12.5 min)与和Ⅲ(30～48 min)、吸附孔发育优势段Ⅱ(12.5～30 min)和Ⅳ(48～60 min)四个时间段。

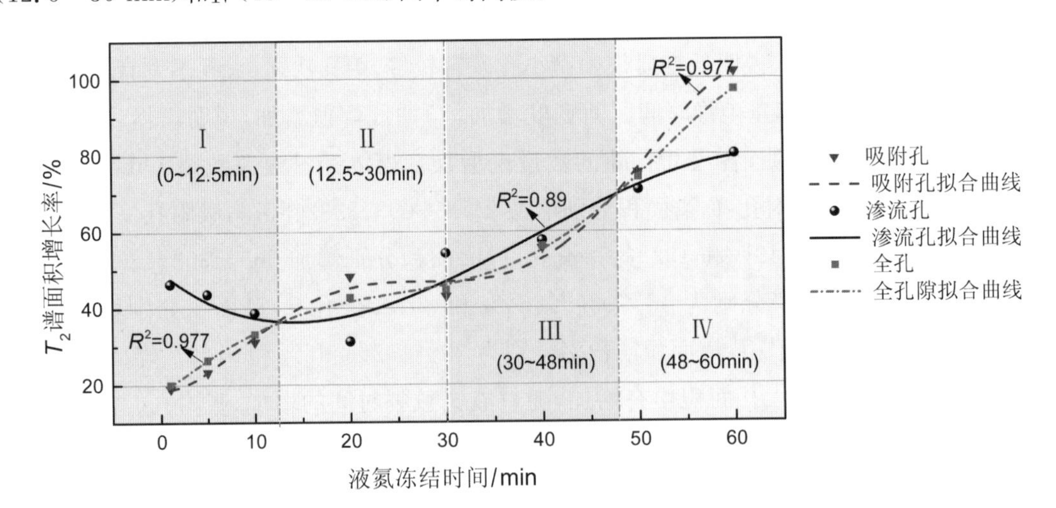

图 2－11　致裂时间下不同孔径孔隙演化规律

时间段Ⅰ内煤体内微小孔发育速度较快，在有限空间内，渗流孔作为吸附孔的天然弱面，新发育的吸附孔挤压渗流孔导致渗流孔的数量出现增长下降的现象；时间段Ⅱ内吸附孔增长率超过渗流孔增长率，吸附孔数量不断增长，当吸附孔数量达到一定程度时，吸附孔逐渐连通为较大尺寸的渗流孔，开始出现吸附孔增长放缓和渗流孔增长上升的现象；时间段Ⅲ内渗流孔增长率大于吸附孔增长率，两种孔隙同时快速发育；时间段Ⅳ内吸附孔增长率大于渗流孔增长率，两种孔隙均表现为增长率不断上升的趋势。

根据煤体不同的含水状态分析出煤体中自由水空间和束缚水空间的变化趋势，如图2-12所示。

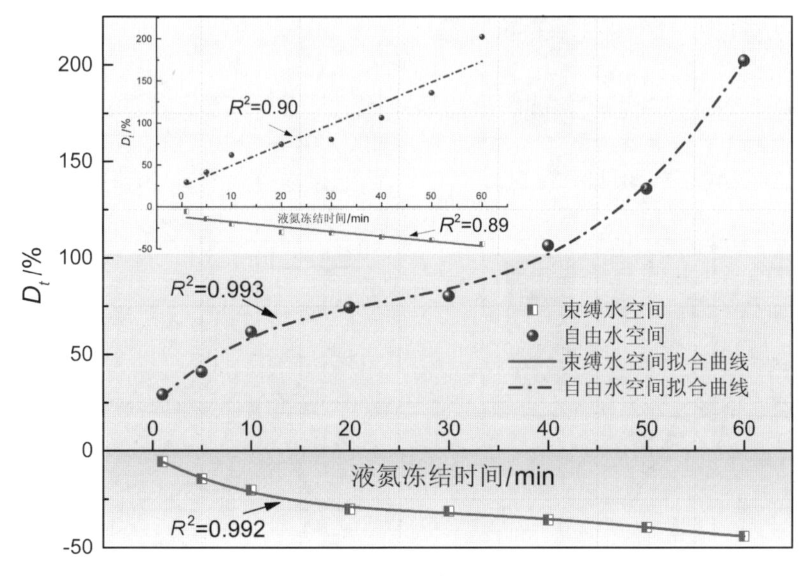

图 2-12 致裂时间下含水空间演化规律

自由水空间代表煤体中水分可自由流动的裂隙空间，这部分空间裂隙间相互连通，为煤层气的流动提供良好的通道；束缚水空间代表煤体中不可自由流动的孔隙空间，这部分空间多为孤立的孔隙且不利于煤层气的流动。从图2-12可知，煤体中自由水空间增长率为正值且与液氮致裂时间正相关，束缚水空间增长率为负值且与液氮致裂时间负相关，且自由水增长率的上升速度大于束缚水增长率的下降速度。因此可知，液氮致裂可为煤层气的流动和抽采创造良好的通道。

2.3.1.2 循环致裂过程

饱水状态的 T_2 曲线表示煤体中全部含水空间的分布，离心后的 T_2 曲线表示束缚水空间，全部含水空间减去束缚水空间可得自由水空间的分布。图2-13(a)和图2-13(b)分别为煤体在不同液氮致裂时间和不同致裂循环下，致裂前后煤体饱和水与离心后的 T_2 曲线，可以看出饱水 T_2 曲线幅值和弛豫时间区间宽度都与致裂时间正相关；离心后 T_2 曲线幅值与致裂时间负相关，离心后 T_2 曲线的弛豫时间区间宽度基本保持不变。可知煤体中孔隙的尺寸和数量都随着致裂时间的增加而增加，且总孔隙数量增加，密闭孔隙数量减少，自由连通孔隙增多。以上结论与图 2－13 中实物图中裂隙网络随致裂时间和致裂循环增加而逐渐复杂，裂隙宽度逐渐增加是一致的。

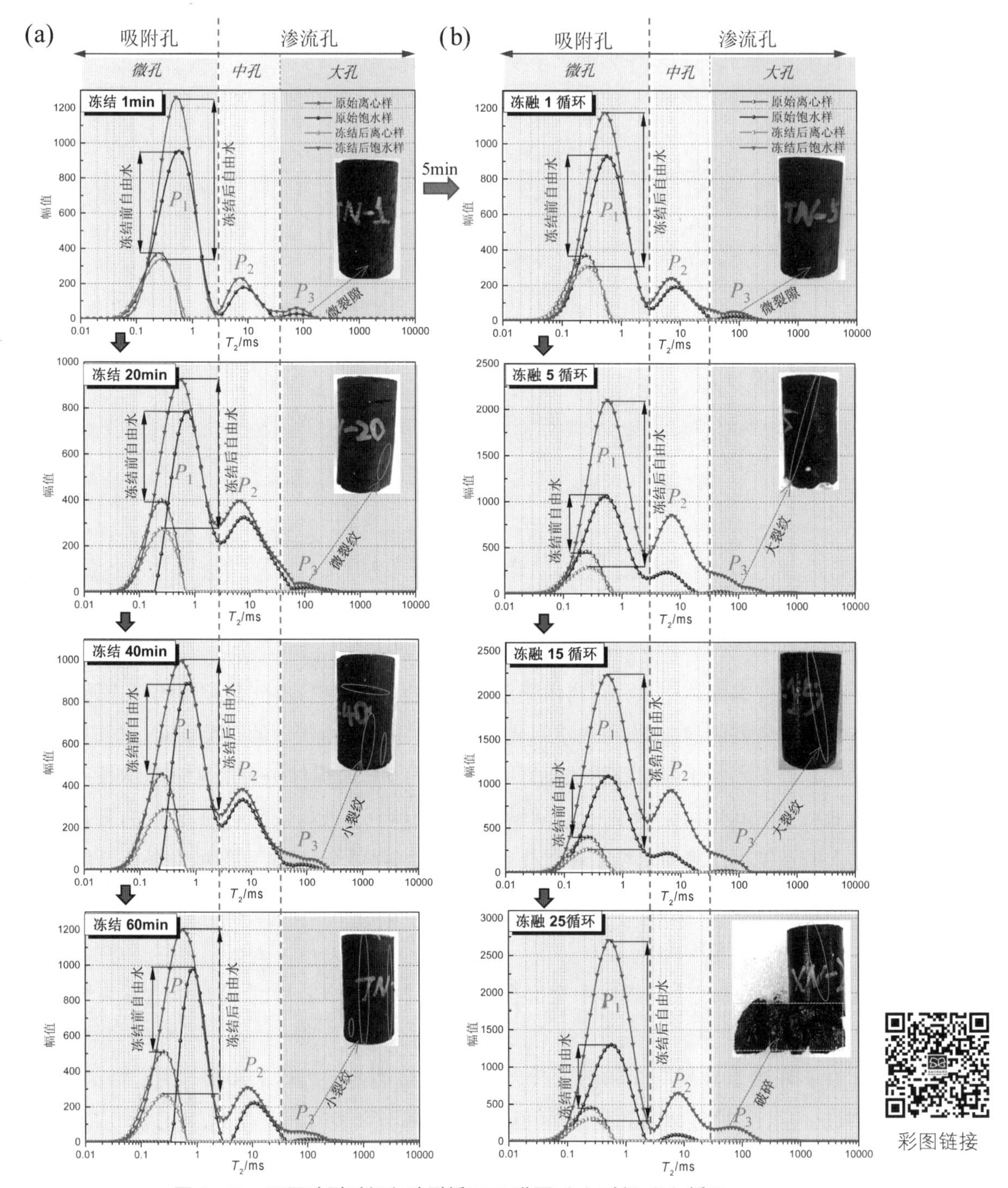

彩图链接

图 2－13　不同致裂时间和致裂循环 T_2 谱图：(a) 时间；(b) 循环

从图 2－13(a)和图 2－13(b)对比可知，致裂循环下的 T_2 曲线的幅值增加比致裂时间下的 T_2 曲线的幅值增加更加明显，P_2 和 P_3 幅值增加尤为明显，此结果可与图 2－13(b)实物图中煤体上的较大尺寸的裂纹和更加丰富的裂隙网络很好的对应。

根据不同致裂循环下煤体不同尺寸孔隙和不同含水空间孔隙的数据统计，各孔隙空间的变化趋势如图 2－14 所示。渗流孔增长率随着液氮致裂循环出现“快速增长一增长稳定一快速增长”的趋势；吸附孔、全孔隙和自由水空间增长率变化趋势符合指数增长趋势，表现为“快速增长一增长稳定”的趋势；束缚水空间增长率为负值，且与液氮致裂循环负相关。

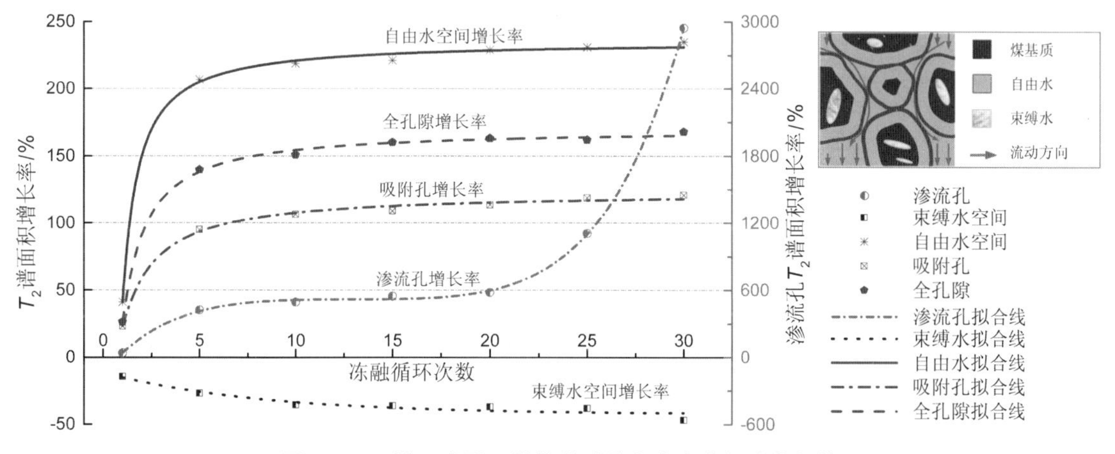

图 2－14　循环致裂下煤体的孔隙和含水空间演化规律

液氮致裂循环下，自由水空间增长率与循环次数正相关，束缚水空间增长率与循环次数负相关，自由水在前 5 次循环增长率增长迅速，5 次循环后增长率缓慢增长；吸附孔、渗流孔和全孔隙增长率与致裂循环正相关，吸附孔和全孔隙增长率在前 5 次循环迅速增长，5 次循环后增长率缓慢增长，致裂循环下的渗流孔增长率相比致裂时间下有更高的增长效率，表示致裂循环更有利于产生较大尺寸的渗流孔。

2.3.1.3　单次致裂和循环致裂的效果对比

本书研究中为了更好地定量对比致裂时间和致裂循环的致裂效率，把致裂时间和致裂循环下的自由水空间、束缚水空间、全孔隙、渗流孔、吸附孔和煤样超声波纵波波速进行对比，如图2－15所示。

采用绝对液氮致裂时间作为对比指标，绝对液氮致裂时间表示液氮与煤体接触的时间，即液氮的冻结时间。把相同绝对液氮冻结时间下致裂时间和致裂循环的孔隙增长率及超声波纵波波速进行对比，循环致裂和单次致裂增长率之差如图 2－15 中箭头所示。

超声波技术是监测材料内部损伤的重要手段。声波在固体、液体、气体中的传播速度依次减慢[168]。声波波速受到试样内部裂隙数量的影响，当超声波纵波波速下降时，则证明试样内部产生了更多的裂隙[154]。超声波纵波波速与致裂时间和致裂循环负相关，即随着致裂时间和致裂循环的增加，煤体中裂隙的增加减缓了纵波波速的传递速度。

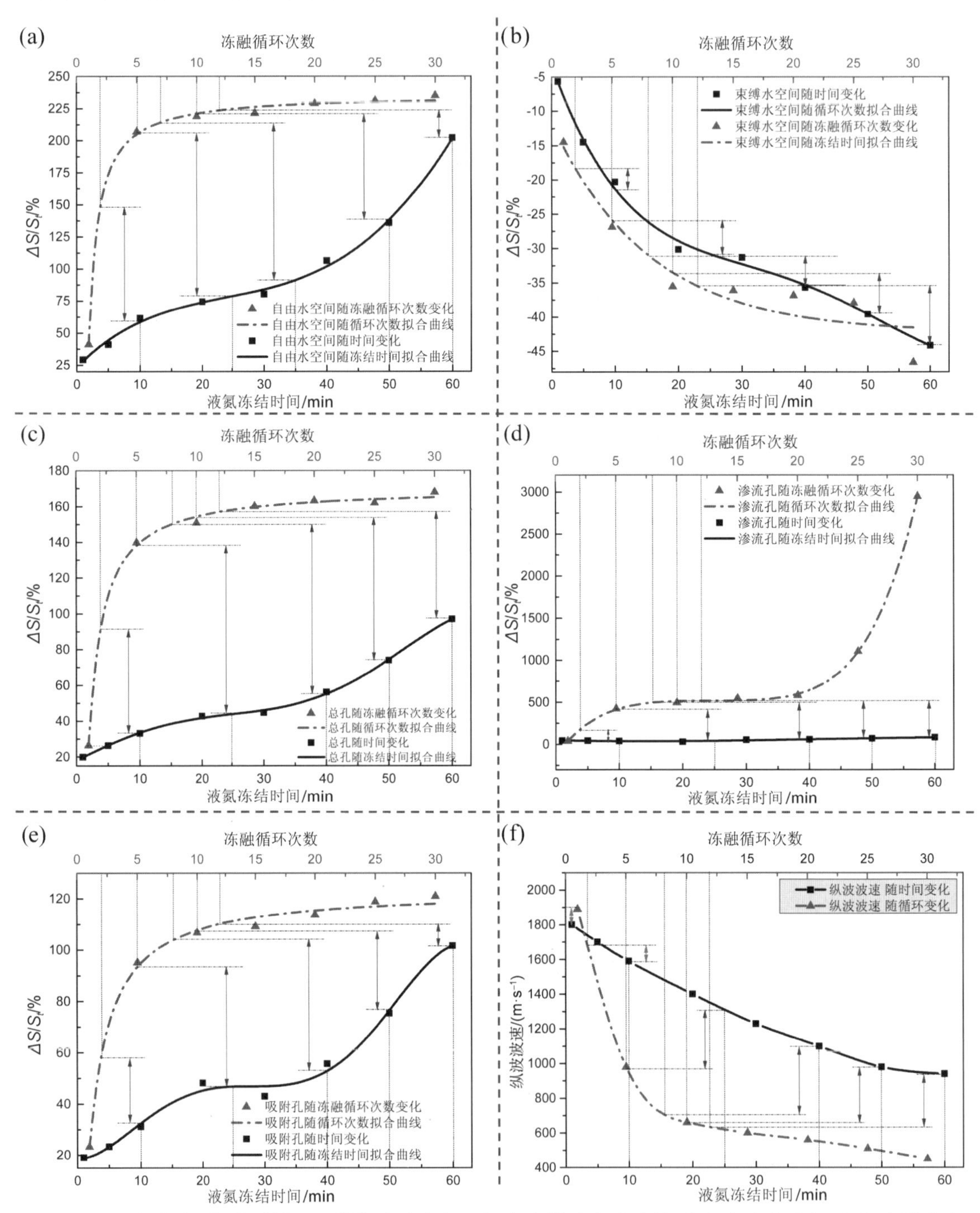

图 2-15 致裂时间与致裂循环下煤体孔隙空间及超声波纵波波速比较：(a) 自由水空间；(b) 束缚水空间；(c) 全孔隙；(d) 渗流孔；(e) 吸附孔；(f) 超声波纵波波速

致裂循环与致裂时间的增长率及纵波波速差值随绝对液氮致裂时间的变化趋势统计在图 2-16 中。

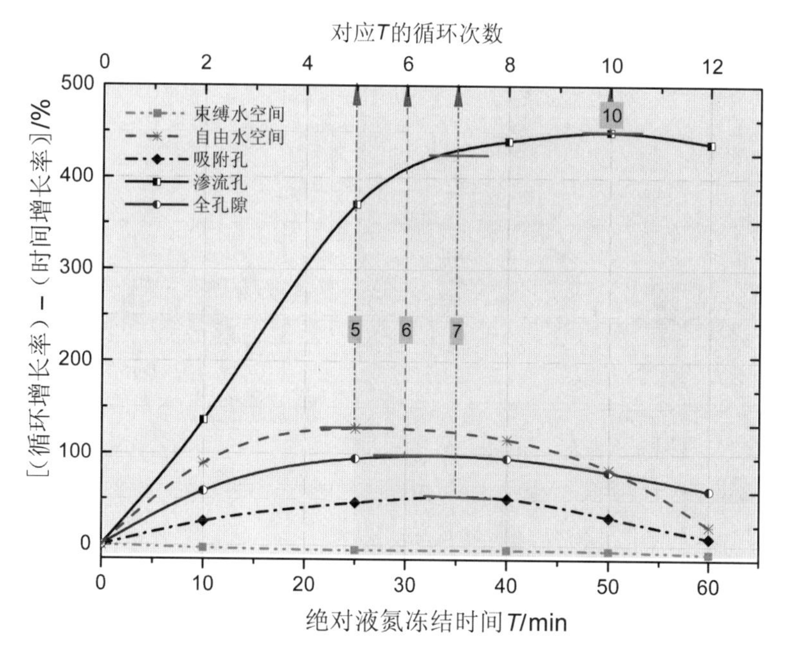

图 2-16　绝对液氮致裂时间下致裂效率分析

从图 2-15 和图 2-16 中可知，致裂循环煤体中孔隙空间增长率及超声波纵波波速减去对应致裂时间的差值，随着绝对液氮致裂时间增加表现出先增加后减小，在某一时间点出现极值点，即致裂循环效率最高的绝对液氮致裂时间。自由水空间的致裂循环与致裂时间增长率差值最大值出现在 25 min 处，即 5 次致裂循环自由水空间的循环致裂效率最高；全孔隙数量增长率差值最大值出现在 30 min，即 6 次致裂循环全孔隙的循环致裂效率最高；吸附孔数量增长率差值最大值出现在 35 min，即 7 次致裂循环吸附孔的循环致裂效率最高；渗流孔数量增长率差值最大值出现在 50 min，即 10 次致裂循环渗流孔的循环致裂效率最高；束缚水空间增长率差值的绝对值随着绝对液氮致裂时间增加而增加；超声波纵波波速下降速率差值最大值出现在 35 min，即 7 次致裂循环较致裂时间产生裂隙速率差距最大，纵波波速下降最快。从研究结果可知，通过控制合理的致裂循环次数可实现煤体致裂的高效性。

2.3.2　不同致裂条件对孔隙的改造规律

如图 2-8 所示，甲烷分子的直径介于 0.34～0.37 nm，并且煤体中的绝大部分甲烷分子都吸附在小于 10 nm 的孔隙中，因此图 2-17 中 T_2 曲线的第一个峰 P_1 可对应瓦斯吸附孔隙，第二个峰 P_2 和第三个峰 P_3 对应瓦斯渗流孔隙[169]。

图 2-17 展示了液氮致裂时间 5 min 和 60 min，致裂循环 5 次和 30 次，煤体含水率 2.7%和 11.5%，烟煤和无烟煤经液氮致裂处理后煤体的 T_2 谱和孔隙比例。

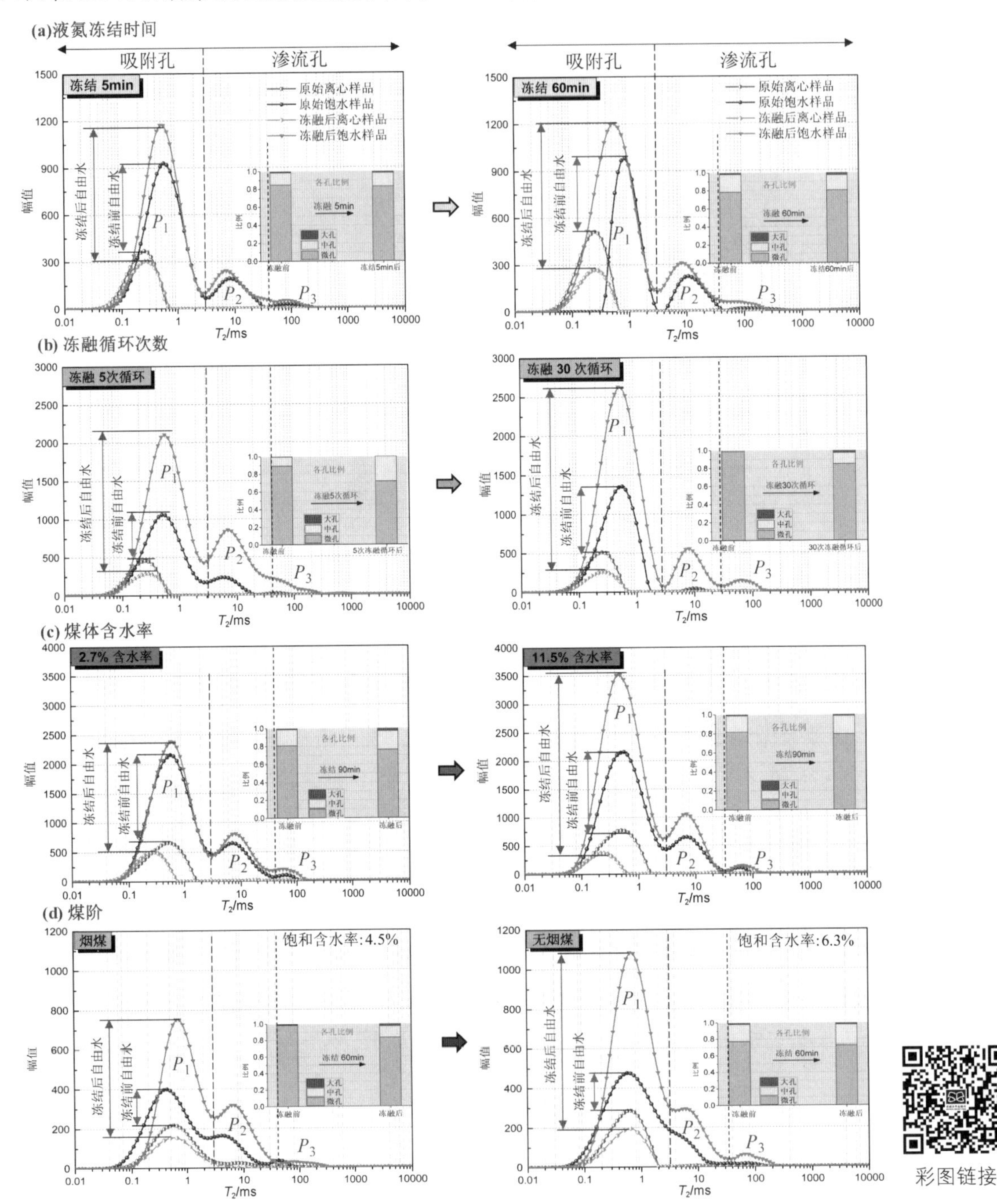

图 2-17　不同致裂变量处理后煤体的 T_2 谱和孔隙比例

从图 2－17 中可看出，T_2曲线幅值和各峰区间宽度随着液氮致裂时间、致裂循环次数和煤体含水率的增加而增加，其中致裂循环次数对幅值增量的影响大于致裂时间和煤体含水率。褐煤的 T_2幅值增量[图 2－17(a)～(d)]大于无烟煤，无烟煤大于烟煤[图 2－17(d)]。

通过对比饱水和离心煤样的曲线，通过对比图 2－17 中的柱状图，随着液氮致裂时间、致裂循环次数和煤体含水率的增加，煤体中孔和大孔的比例也逐渐增加。且煤体经过液氮致裂后煤体中自由水的空间比例增大，说明液氮的低温处理能够促进密闭孔隙开放和裂隙间的连通。

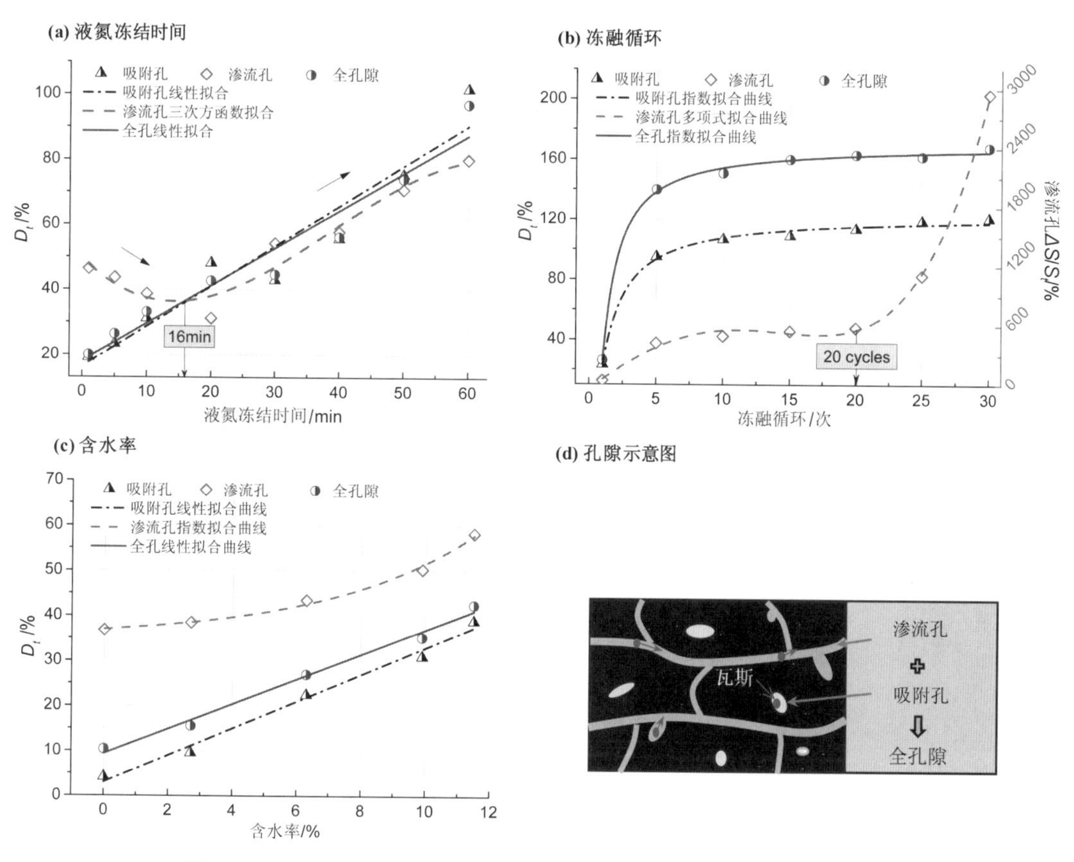

图 2－18　液氮处理煤体的孔隙结构(瓦斯吸附孔隙和渗流孔隙)变化

在图 2－17 中划分了 P_1 代表的瓦斯吸附孔隙和 P_2 加 P_3 代表的渗流孔隙。T_2曲线中各分峰面积增长率 D_t代表了对应孔径孔隙数量的增长率。图 2－18 分别列出了吸附孔、渗流孔和全孔隙随着不同致裂变量的孔隙增率趋势。液氮致裂后各孔隙的增长率均大于 0，说明液氮致裂促进了煤体中各种尺寸孔隙的增加。其中瓦斯吸附孔和全孔隙随着液氮致裂时间基本呈线性关系上升，瓦斯渗流孔则先下降后上升，在 16 min 时增加率最小，如图2－18(a)所示。这是由于煤体冻结初期小孔的发育会挤压渗流孔隙的空间，16 min 后则同步上升。瓦斯吸附孔和全孔隙的增长率随着致裂循环次数先快速上升后缓慢上升，其中前5次循环属于快速上升阶段。渗流孔增长率随着致裂循环次数先缓慢上升后快速上升，其中20次循环后进入快速上升阶段，如图2-18(b)所示。这是由于致裂20次循环后的煤体产生了大量的宏观裂隙网络。吸附孔和全孔隙增长率与煤体含水率基本呈线性关系，渗流孔增长率随着煤体含水率增加呈指数增长，如图2-18(c)所示。渗流孔是影响煤层气扩散运移的主要因素，液氮致裂60 min和致裂30次循环后渗流孔的增长率分别为80%和2945.9%，因此致裂循环相比单次致裂对煤体渗流孔的改造更加有效。

液氮致裂作用对不同变质程度的煤体致裂效果不同。同时用液氮致裂60 min后，褐煤、烟煤和无烟煤的吸附孔增长率D_t分别为101.7%、57.9%和65.3%；渗流孔增长率D_t分别为80%、103%和204%；全孔隙增长率D_t分别为97%、68.2%和86%，如图2-19所示。所以单次液氮致裂对瓦斯吸附孔和全孔隙的改造效果为：褐煤>无烟煤>烟煤；对瓦斯渗流孔的改造效果为：褐煤>烟煤>无烟煤。

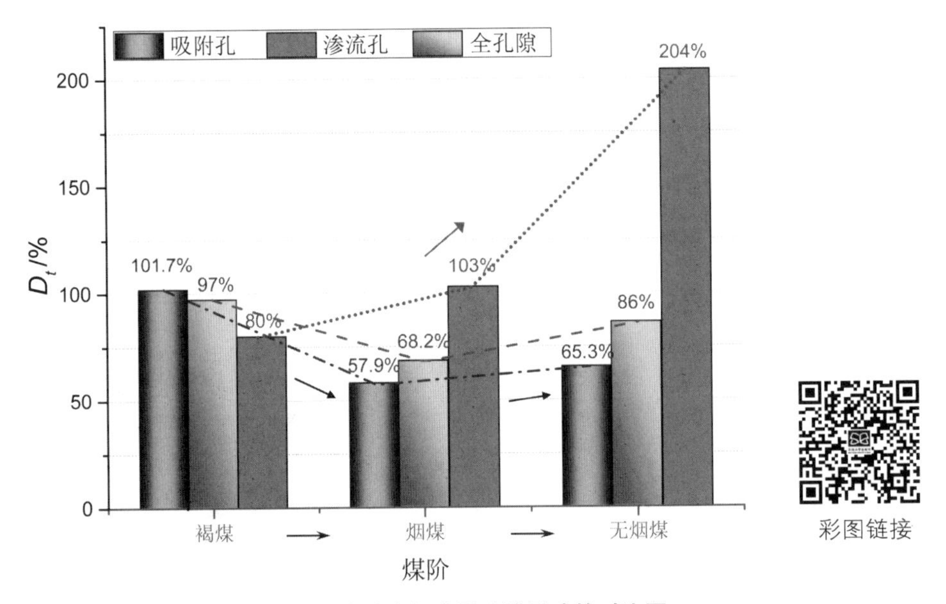

图2-19　煤的变质程度对液氮致裂孔隙影响的对比图

2.3.3　不同致裂条件对煤体孔隙度演化的影响

煤体孔隙度是表征煤体孔隙的一个重要指标，孔隙度大小直接影响煤储层储集气体的数量。低场核磁共振T_2谱分析技术可以准确地测量煤体孔隙度[128,170]。煤为一种低渗、低透介质，煤层气主要吸附在煤体的吸附容积中，抽采煤层气就需要连通瓦斯吸附空间，增大煤体渗透率，裂隙孔的发育程度决定了煤体渗透率的大小。通常把孔隙总体发育程度的指标作为总孔隙度，总孔隙度包括煤中的密闭孔隙度和连通（有效）孔隙度。

通过对煤样饱水状态分析，得到一个孔隙度分量随弛豫时间变化的 T_2 谱，将孔隙度分量随时间累加可得到一个最大值，T_2 谱中累计孔隙度最大值即为煤体总孔隙度 φ_N。然后将煤样放在离心机中，在离心压力 1.38 MPa 下离心 90 min，取出后用同样方法可测得煤样的残余孔隙度 φ_{NB}（表示煤体中含水空间中不能自由流动水空间孔隙度），煤体总孔隙度减残余孔隙度可得煤体的有效孔隙度 φ_{NF}，见公式（2-6）、公式（2-7）和公式（2-8）。

$$\varphi_{NB}=\varphi_N\times\frac{BVI}{BVI+FFI} \tag{2-6}$$

$$\varphi_{NF}=\varphi_N\times\frac{FFI}{FFI+BVI} \tag{2-7}$$

$$\Delta\varphi=\varphi_{post}-\varphi_{pre} \tag{2-8}$$

式中，φ_{NB} 为煤体残余孔隙度，φ_{NF} 为煤体有效孔隙度，φ_N 为煤体总孔隙度，$\Delta\varphi$ 为煤体孔隙度增量，φ_{pre} 为致裂前煤体的有效孔隙度，φ_{post} 为致裂后煤体的有效孔隙度，*BVI* 为束缚流体系数，*FFI* 为自由流体系数，*BVI*+*FFI* 代表全部流体由饱水状态下谱面积分数计算得出，如图 2-20 所示。

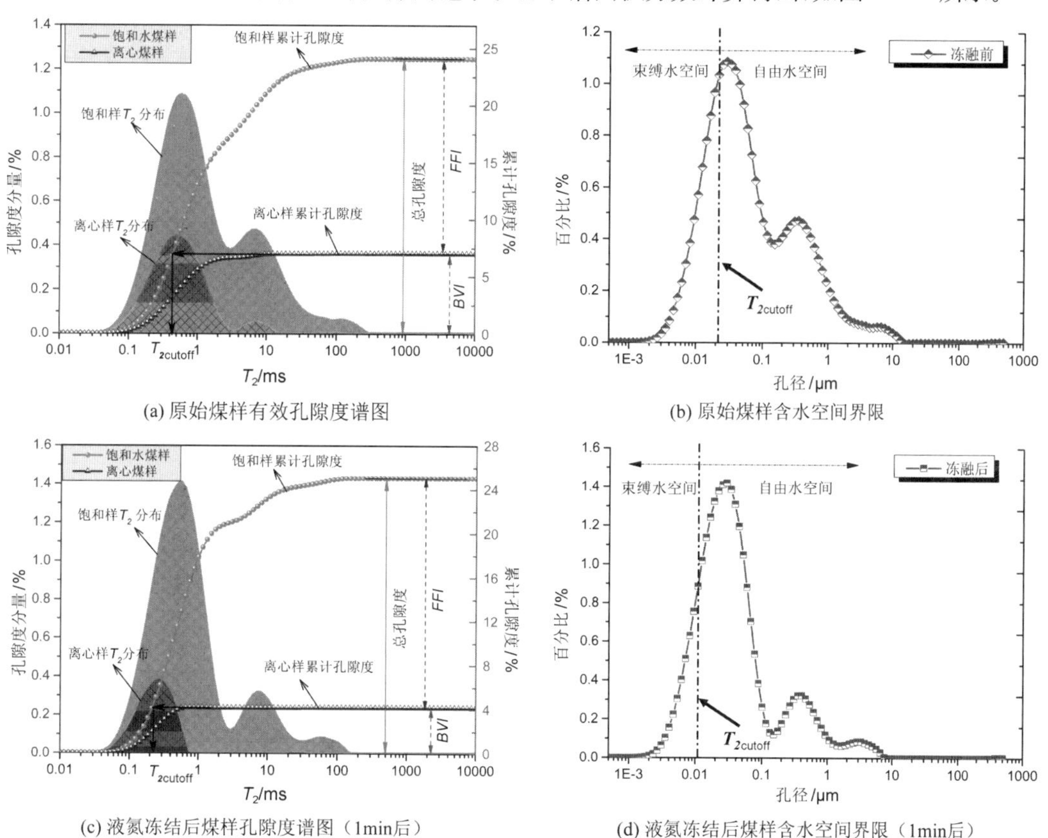

(a) 原始煤样有效孔隙度谱图

(b) 原始煤样含水空间界限

(c) 液氮冻结后煤样孔隙度谱图（1min后）

(d) 液氮冻结后煤样含水空间界限（1min后）

图 2-20 致裂前后孔隙度谱图(1 min)

图 2－20 为煤样在液氮中致裂 1 min 前后的有效孔隙度谱图，图 2－20(a)和图 2－20(c)分别为原始煤样有效孔隙度谱图和液氮致裂 1 min 后煤样有效孔隙度谱图，图 2－20(b)和图 2－20(d)分别表示致裂 1 min 前后归一化处理的孔径分布谱图。可利用核磁共振技术区分煤体中孔隙的类型，在 T_2 谱中可划分为自由流体和束缚流体两部分，必然存在一个分界值来区分两种流体，定义这个分界值为 $T_{2cutoff}$(T_2 截止值)，在图 2－20(a)中给出了 $T_{2cutoff}$ 的确定方法，$T_{2cutoff}$ 表现在孔径分布图中即可区分煤体中自由流体空间和束缚流体空间，致裂前，煤体中束缚水集中在孔径 0.021 μm 以下孔隙，液氮致裂 1 min 后，$T_{2cutoff}$ 线左移，束缚水主要集中在孔径 0.011 μm 以下孔隙，可知，煤体中残余(束缚)水主要集中在微米级以下孔隙，见图 2－20(c)和图 2－20(d)。

液氮致裂 1 min 后，煤体残余孔隙度减小 2.83%，总孔隙度增加 0.95%，有效孔隙度增加 3.8%，T_2 截止值减少，即煤体的束缚流体空间比例减少，自由流体空间比例增加，宏观方面，反映出煤体内部裂隙逐渐连通发育，孔隙度和渗透率增加。

煤体经过不同液氮致裂时间处理产生了不同的内部孔隙变化。随着液氮致裂时间的增加，渗流孔和吸附孔表现出不同的增长规律。通过核磁共振岩心分析技术对煤体致裂后的孔隙度进行了分析，对不同液氮致裂时间的煤样饱和水和残余水测试，得到不同致裂时间后的煤样孔隙度谱图，如图 2－21 所示。

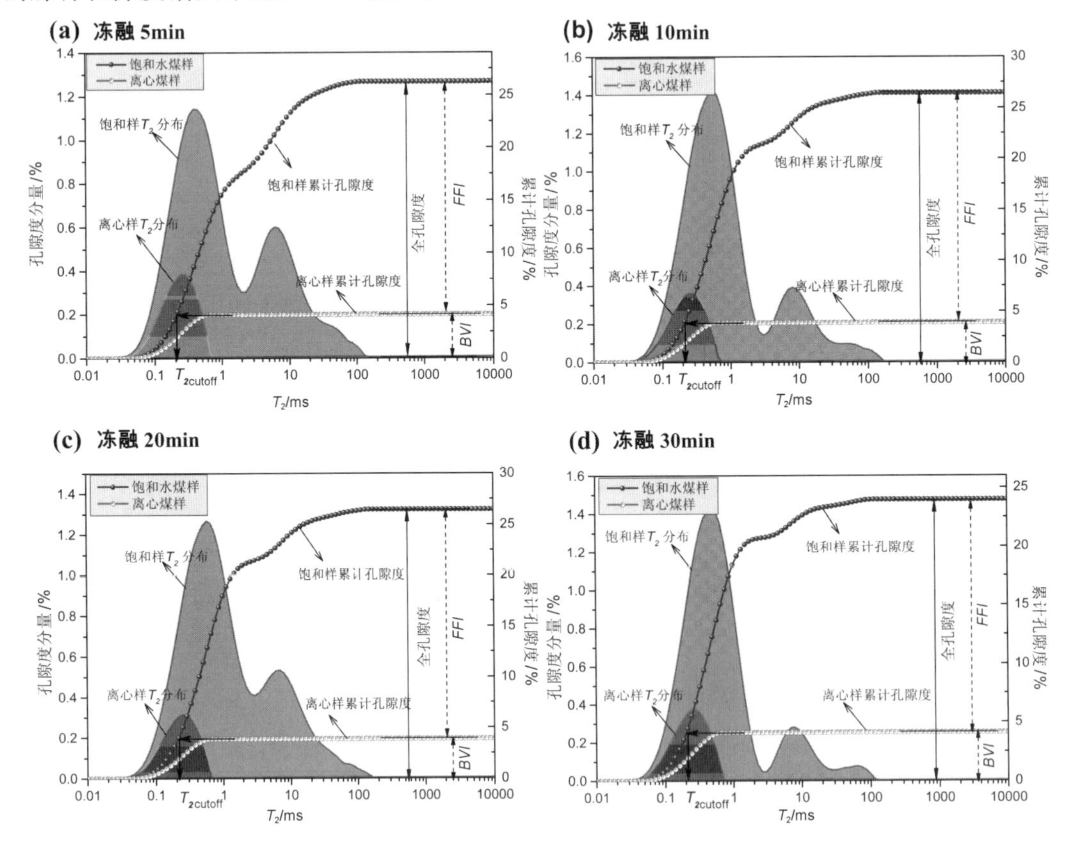

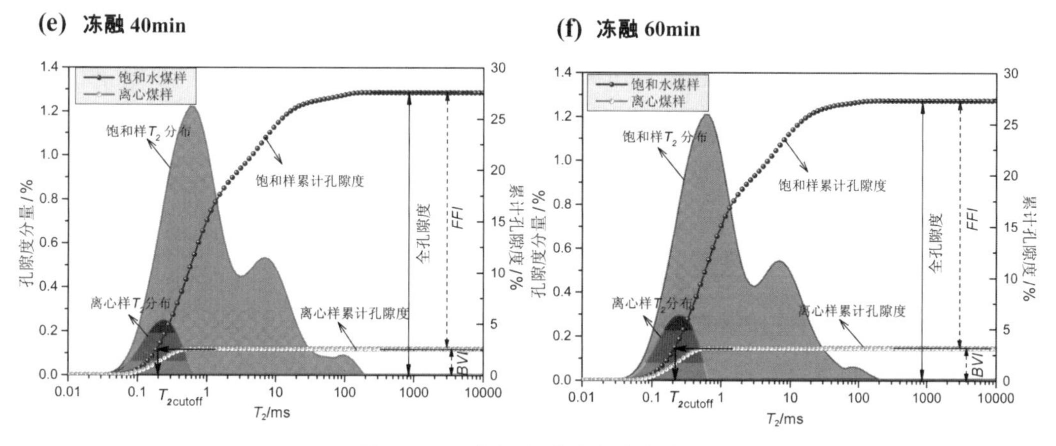

图 2-21 液氮致裂后孔隙度谱图

通过与原始煤样有效孔隙、残余孔隙度和总孔隙度对比发现，煤体总孔隙度、有效孔隙度与液氮致裂时间呈正相关，煤体残余孔隙度与液氮致裂时间负相关。随着致裂时间的加长，孔隙度谱图中各峰界限越来越不明显，各峰间对应尺寸的孔隙数量增加，煤体孔隙复杂性和连通性增强，表现为煤体致裂后总孔隙度和有效孔隙度的增加。

通过测试原始煤样和致裂后煤样的饱和水和残余水两种状态，得到不同致裂时间的致裂前后两种有效孔隙度，二者之差定义为有效孔隙度增量 $\Delta\varphi_{NF}$，通过饱和水煤样和离心煤样称重测出的有效孔隙度增量定义为 $\Delta\varphi_{NFW}$。

根据不同液氮致裂时间后对应煤样有效孔隙度增量 $\Delta\varphi_{NF}$ 和 $\Delta\varphi_{NFW}$，画出有效孔隙度增量随致裂时间 T 的散点图，对散点数据进行多项式拟合和线性拟合，如图 2-22 所示。

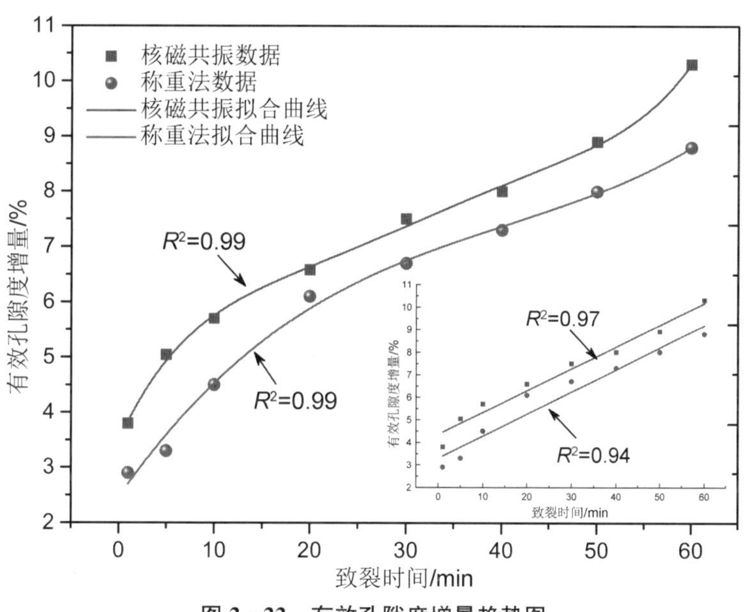

图 2-22 有效孔隙度增量趋势图

图 2－22 中多项式拟合曲线能很好地反映有效孔隙度增量随致裂时间 T 的变化趋势。从多项式曲线可以看出核磁共振和称重法测得的有效孔隙度增量均与致裂时间 T 正相关，且增长过程中有一个增长减缓的过程。为了更好地表达两种方法测试结果的准确性，对有效孔隙度增量散点数据进行线性拟合，见公式(2－9)、公式(2－10)：

$$\Delta\varphi_{NF}=0.097T+4.36 \quad (R^2=0.97) \tag{2-9}$$

$$\Delta\varphi_{NFW}=0.098T+3.31 \quad (R^2=0.94) \tag{2-10}$$

公式(2－9)和公式(2－10)中决定系数 R^2 分别为 0.97 和 0.94，均具有较高拟合度，如图2－22所示。两种测试方法拟合直线的斜率分别为 0.097 和 0.098，仅相差 0.001，可见两种测试方法测试的有效孔隙度增量随致裂时间 T 具有一致的增长速率，可以互相验证方法的正确性。

表 2－2 列出了不同致裂变量下煤体初始孔隙度和致裂后孔隙度参数。图 2－23 分别列出了 4 种不同致裂变量处理后的煤体孔隙度的分析图。其中褐煤液氮致裂 1 min 和 60 min，循环致裂 5 次和 30 次，含水率 6.3％和 11.5％，致裂后的孔隙度分别为 25％和 27.3％，28.6％和 32.5％，26.6％和 27.5％；烟煤与无烟煤致裂后的孔隙度分别为 18.1％和 22.3％，见表 2－2。从图 2－23(a)、图 2－23(b)、图 2－23(c)中可以看出，致裂后的总孔隙度与液氮致裂时间、致裂循环次数、煤体含水率正相关；残余孔隙度与以上变量负相关；且致裂循环次数对总孔隙度的增加和残余孔隙度的减小影响最明显。

表 2－2　煤样的初始孔隙度和致裂后孔隙度

煤样	褐煤						烟煤	无烟煤
	$T1$	$T60$	$C5$	$C30$	$M6.3$	$M11.5$		
初始孔隙度/％	24.1	23.2	26.8	19.4	22.7	20.2	16.3	18.3
致裂后孔隙度/％	25	27.3	28.6	32.5	26.6	27.5	18.1	22.3

注：T，C 和 M 分别代表液氮致裂时间(min)、致裂循环次数(次)和煤体含水率(％)。

液氮致裂 1 min 和 60 min，循环致裂 5 次和 30 次，含水率 6.3％和 11.5％，致裂后有效孔隙度比例(FFI)分别为：83.3％和 85.4％，81.5％和 92％，83.2％和 90.8％。即有效孔隙度比例与以上变量呈正相关关系。致裂 60 min 后褐煤、烟煤和无烟煤的有效孔隙度比例分别增加 2.9％、0.8％和 2％，即液氮致裂效果：褐煤>无烟煤>烟煤。

总孔隙度 φ_N 代表饱和水状态的煤体孔隙度，残余孔隙度 φ_{NB} 代表离心后煤体的孔隙度，φ_N 减去 φ_{NB} 得到有效孔隙度 φ_{NF}，有效孔隙度和残余孔隙度分别表征开放孔和闭合孔的数量[152]。有效孔隙度、残余孔隙度和总孔隙度分别对应煤体中包含的自由水、束缚水和饱和水空间。本节中，采用孔隙度增长率 $\Delta\varphi\%$ 来表征煤体致裂前后孔隙度的变化率，可以表达为：

$$\Delta\varphi\% = \frac{\Delta\varphi}{\varphi_{\text{pre}}} = \frac{\varphi_{\text{post}} - \varphi_{\text{pre}}}{\varphi_{\text{pre}}} \tag{2-11}$$

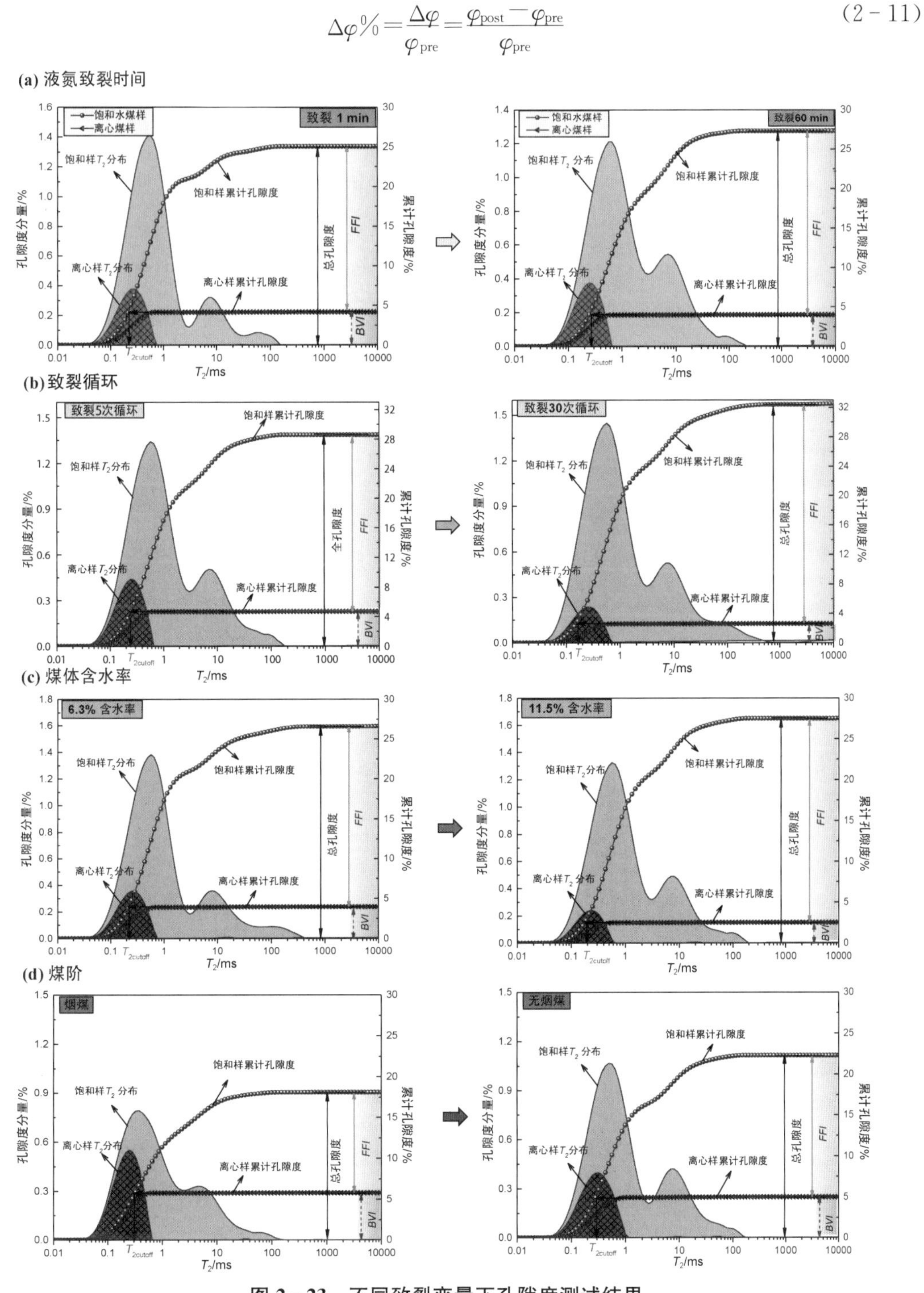

图 2-23 不同致裂变量下孔隙度测试结果

图 2-24 分别列出了(a)液氮致裂时间、(b)致裂循环、(c)煤体含水率和(d)煤阶对孔隙度增长率的影响趋势。其中,有效孔隙度增长率 $\Delta\varphi_{NF}$%和总孔隙度增长率 $\Delta\varphi_{N}$%与致裂时间和煤体含水率呈线性正相关关系,残余孔隙度增长率 $\Delta\varphi_{NB}$与致裂时间和煤体含水率%则为线性负相关关系,如图2-24(a)和图 2-24(b)所示。有效孔隙度增长率 $\Delta\varphi_{NF}$%和总孔隙度增长率 $\Delta\varphi_{N}$%随着致裂循环次数增加呈指数增长趋势,残余孔隙度增长率 $\Delta\varphi_{NB}$%与致裂循环次数则呈二次函数下降趋势,如图 2-24(b)。对比图 2-24 中的曲线和数据,可知致裂循环次数对煤体的损伤是呈指数函数增加的,远远大于单次长时间的致裂效果,是影响液氮致裂效果的重要因素。煤阶对孔隙度增长率的影响关系为:褐煤>无烟煤>烟煤,如图 2-24(d)所示。

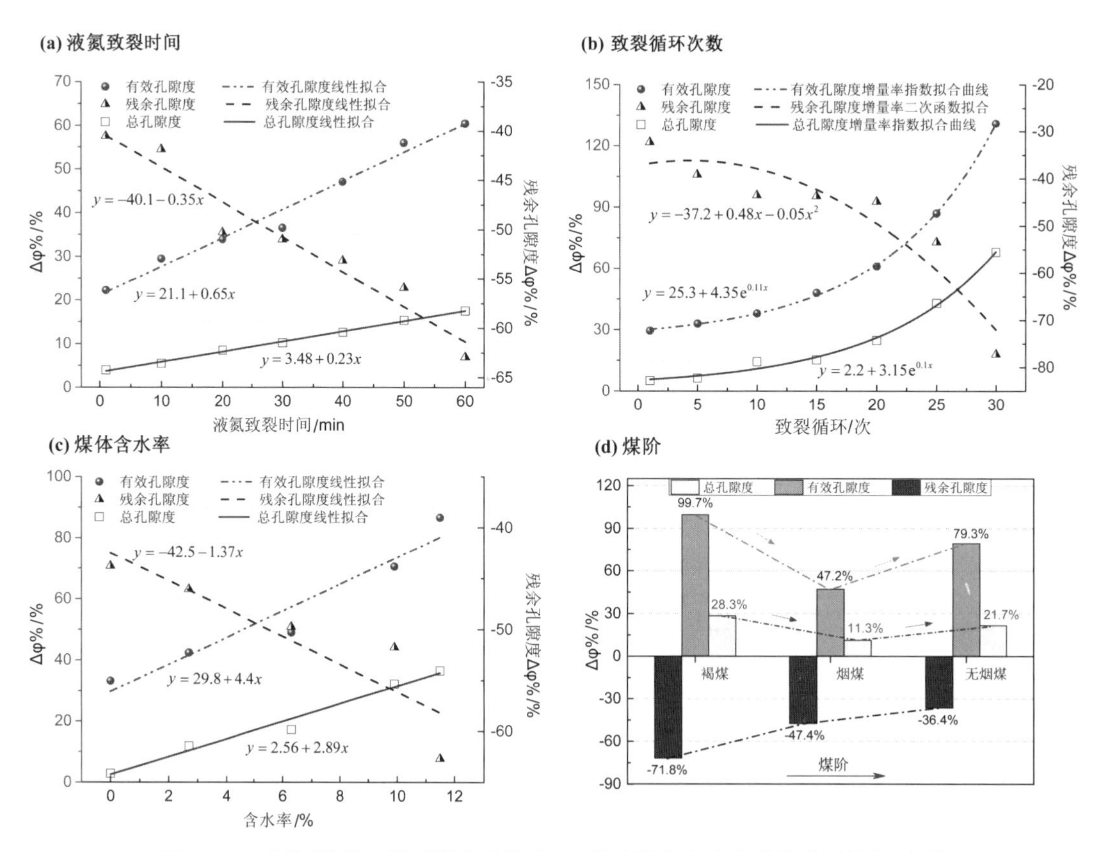

图 2-24 不同致裂变量对煤体孔隙度(有效孔隙度和残余孔隙度)的影响规律

液氮致裂 60 min 和致裂 30 次循环后有效孔隙度增长率分别为 60.5%和 130.9%;残余孔隙度增长率分别为−62.9%和−77.2%。含水率为 0 和 11.5%的煤样致裂 90 min 后有效孔隙度增长率分别为 33.2%和 86.6%,残余孔隙度增长率分别为−43.8%和−62.7%。相同条件下褐煤、烟煤和无烟煤致裂 60 min 后有效孔隙度增长率分别为 99.7%、47.2%和

79.3%，残余孔隙度增长率分别为−71.8%、−47.4%和−36.4%。因此，液氮致裂后的有效孔隙度增长率和总孔隙增长率均大于0，但残余孔隙度增长率小于0，这表示致裂后的密闭孔被打开，开放孔也相互连通并增加，这为煤层气抽采提供了很好的渗流条件。

2.3.4 不同致裂条件对煤体渗透率的影响

渗透率代表了流体在多孔介质中的流动能力，因此渗透率是一个评估储层产量的重要指标。煤体渗透率与孔的分布和连通性密切相关[171]。核磁共振技术虽然不能直接测试煤体渗透率大小，但是可以通过孔隙度参数和 T_2 谱曲线中孔径大小的分布比例，来计算渗透率。本节将对不同渗透率模型和煤体的气体渗透率进行讨论和分析。在本书研究中有3种经典渗透率模型被讨论：(1) SDR 模型（也叫 mean T_2 model）；(2) Timur-Coates 模型（也叫自由流体模型）；(3) PP 模型。

(1) SDR 模型

SDR 模型渗透率的表达公式为[172,173]：

$$k_{\mathrm{SDR}}=a\varphi^{m}\left(T_{2gm}^{a}\right)^{n} \tag{2-12}$$

对上述模型进行回归分析后的 SDR 模型渗透率表达式为[156]：

$$k_{\mathrm{SDR\text{-}r}}=0.022\,4\times\left(T_{2gm}^{a}\right)^{1.534}\times\left(T_{2gm}^{b}\right)^{0.182} \tag{2-13}$$

其中的 T_{2gm} 的几何平均数的计算公式可表达为[174]：

$$T_{2gm}=\exp\left(\sum_{T_{2s}}^{T_{2\max}}\frac{A_i}{A_T}\ln(T_{2i})\right) \tag{2-14}$$

(2) Timur-Coates 模型

Timur-Coates 模型渗透率表达公式为[172,175]：

$$k_{\mathrm{TC}}=a\varphi^{m}\left(\frac{FFI}{BVI}\right)^{n} \tag{2-15}$$

对 Timur-Coates 模型进行回归分析后的渗透率表达式为[156]：

$$k_{\mathrm{TC\text{-}r}}=0.05\times\left(T_{2gm}^{b}\right)^{0.235}\left(\frac{\varphi_{\mathrm{NF}}}{\varphi_{\mathrm{NB}}}\right)^{3.365} \tag{2-16}$$

(3) PP 模型

Yao 等基于核磁共振的有效孔隙度建立了 PP 模型[128]，可以表达为：

$$k_{\mathrm{PP}}=0.49\times e^{(\varphi_{\mathrm{P}}/1.35)}-0.54 \tag{2-17}$$

式中，a，m 和 n 是与煤岩体性质有关的系数，φ 是煤体的总孔隙度，T_{2gm}^{a} 是饱水煤样的 T_2 几何平均数，$T_{2\max}$ 为 10 000 ms，T_{2s} 是 T_2 谱曲线开始时的弛豫时间，T_{2i} 是 T_2 谱中的一个弛豫时间，A_i 是 T_{2i} 处的幅值，A_T 是 T_2 谱的总幅值，FFI 和 BVI 分别是自由流体系数和束缚流体系数，φ_{NF} 和 φ_{NB} 分别是煤体的有效孔隙度和残余孔隙度。

对三种煤阶的煤进行核磁共振测试，并对三种模型渗透率和气体渗透率进行对比，见表 2-3。通过对比模型渗透率的误差值发现，当计算的渗透率小于 $0.1\times10^{-3}\ \mu m^2$ 时，Timur-Coates 模型和 PP 模型的评估误差较大。SDR 模型及其回归公式在所有模型中具有最好的评估精度。

表 2-3　模型渗透率及气体渗透率对比表

煤样种类	不同模型下的渗透率/mD			气体渗透率	误差值/mD		
	k_{SDR-r}	k_{TC-r}	k_{PP}	/mD	k_{SDR-r}	k_{TC-r}	k_{PP}
褐煤	0.242	1.03	0.016	0.256	−0.014	0.774	−0.24
烟煤	0.032	0.82	*Null*(<0)	0.034	−0.002	0.786	—
无烟煤	0.091	0.79	0.004	0.085	0.006	0.705	−0.081

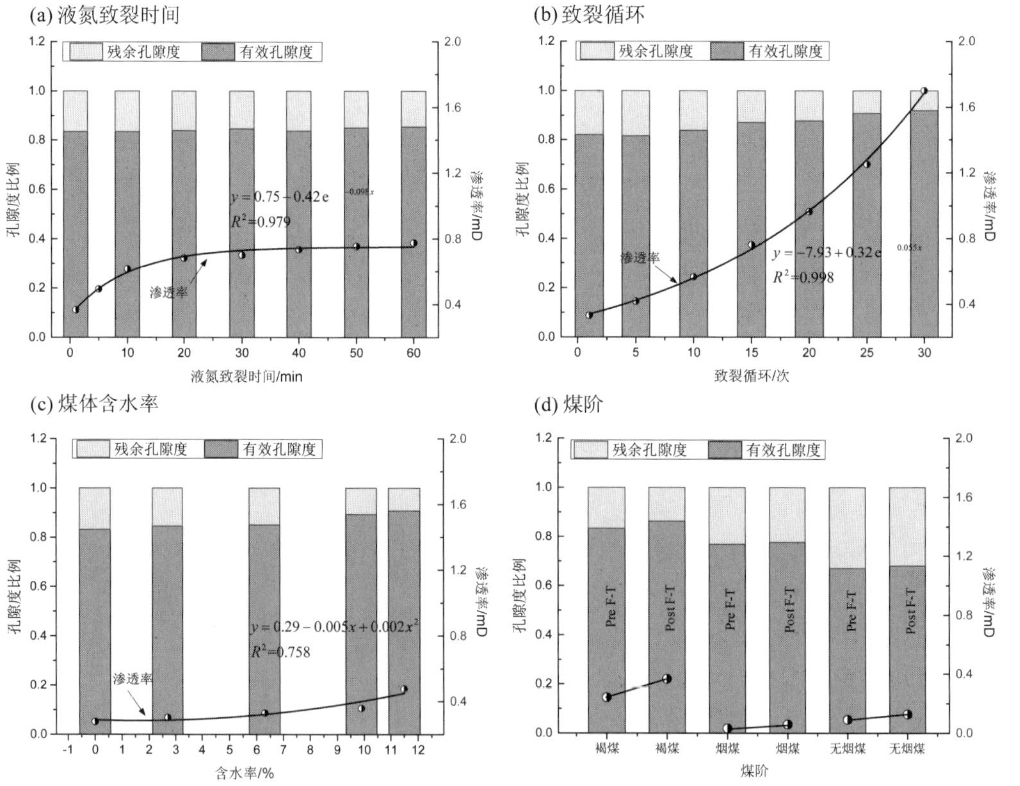

图 2-25　不同致裂变量对孔隙度比例和渗透率的改造

图 2-25 中柱状图列出了不同致裂变量处理煤体后的有效孔隙度和残余孔隙度比例分布。致裂后煤体的有效孔隙度比例随着液氮致裂时间、致裂循环次数和煤体含水率的增加

而增加，其中致裂循环处理的煤体有效孔隙度改变最为显著。煤阶对致裂煤体有效孔隙度的增加量有以下关系：褐煤＞无烟煤＞烟煤。一般情况下，中国原始构造煤的初始孔隙度大小：褐煤＞无烟煤＞烟煤。所以煤体的原始孔隙度的大小对致裂效果具有很大的影响，原始孔隙度越大，产生越大的冻胀破坏，煤体增透效果越好。由此可得液氮致裂方法对不同煤阶的致裂效率的顺序为：低阶煤＞高阶煤＞中阶煤。

基于 SDR 模型对不同致裂变量处理后的渗透率进行回归分析，其中煤体的 NMR 渗透率 k_T和 k_C分别与液氮致裂时间 T 和致裂循环次数 C 呈指数关系，如公式(2－18)和公式(2－19)所示。NMR 渗透率 k_w和煤体含水率 w 符合二次函数关系，如公式(2－20)所示。以下 3 种 NMR 渗透率预测模型适用于低变质煤体液氮致裂后渗透率的预测。致裂后渗透率增量和煤阶的关系为：褐煤＞无烟煤＞烟煤，与孔隙度比例的分析结果具有一致性。

$$k_T = 0.75 - 0.42\,e^{-0.098T} \quad (R^2 = 0.979) \tag{2-18}$$

$$k_C = -7.93 + 0.32\,e^{0.055C} \quad (R^2 = 0.998) \tag{2-19}$$

$$k_w = 0.29 - 0.005w + 0.002w^2 \quad (R^2 = 0.758) \tag{2-20}$$

液氮致裂时间对煤体渗透率的改造有限，随着致裂时间增加，渗透率增加逐渐减小，维持在 0.8 mD 以下；液氮致裂循环对渗透率的改造则一直加大，当循环次数达到 22 次后，煤体渗透率超过 1 mD，然后继续增加；煤体含水率越大则增透效果也越好，一般煤体的饱和含水率在 10％～15％，因此含水率对渗透率的改造效果受到煤体饱和含水率的限制。

2.4 液氮致裂煤体的电镜扫描结果

煤层气的储运模式可简要概括为以下过程，在煤储层的孔隙-裂隙系统中，由煤基质生成的气体，解吸后首先扩散到储气孔(原生孔、气孔、微裂隙等)，然后从储气孔渗流到局部裂隙(层内裂隙、层间裂隙等)，最后，通过贯通裂隙(张性裂隙和张开型剪性裂隙等)运移出煤层[176-178]。

扫描电镜下所观察到的宽度小于 2 μm 的孔隙一般是煤基质块中的原生孔、气孔、矿物质孔和微裂隙。基质块中孔隙类型多，但连通性差，气体在其中的流动方式为扩散和缓慢渗流，只有当其与裂隙沟通时，才能有助于煤层气快速流动。裂隙是煤层中流体运移和产出的通道，煤储层的有效孔隙度和渗透率主要是裂隙的贡献。从裂隙成因类型来讲，局部裂隙(穿层裂隙、层内裂隙等)为煤基质内的裂隙，局部裂隙的产生增加了气体运移的通道，并能连通煤基质块中的一些封闭孔和半封闭孔；贯通裂隙(张性裂隙和张开型剪性裂隙等)发育规模大，尺度也大，穿越不同组分或多个分层，为基质块之间的裂隙，在煤储层中起贯穿作用，贯通裂隙越多渗透率越大，是煤层中气体流动的主要通道。煤层中贯通裂隙(张性裂隙和张开型剪性裂隙)越多,越有利于增加煤层渗透率。

本书为了研究液氮致裂对煤体微观结构的影响,利用扫描电镜技术对未致裂、单次致裂和循环致裂的煤体进行了观测,选取原始煤样[(图 2-26(a)]、单次液氮致裂 10 min[图 2-26(b)]和 30 次循环致裂[图 2-26(c)]的煤样进行对比分析。

如图 2-26 所示,未致裂煤样表面平整光滑,仅有很少的初始微裂隙[图 2-26(a)];当经液氮致裂 10 min 后,在煤体表面沿着煤体割理方向逐渐延伸出一些致裂主裂隙和与其交叉的次裂隙[图 2-26(b)],裂隙最大宽度为 13.3 μm;当经过 30 次液氮循环致裂后,沿煤体割理方向形成贯通裂隙(张性裂隙和张开型剪性裂隙等)[图 2-26(c)],裂隙最大宽度为 60.5 μm,裂隙宽度和长度明显比致裂 10 min 的煤样要大。

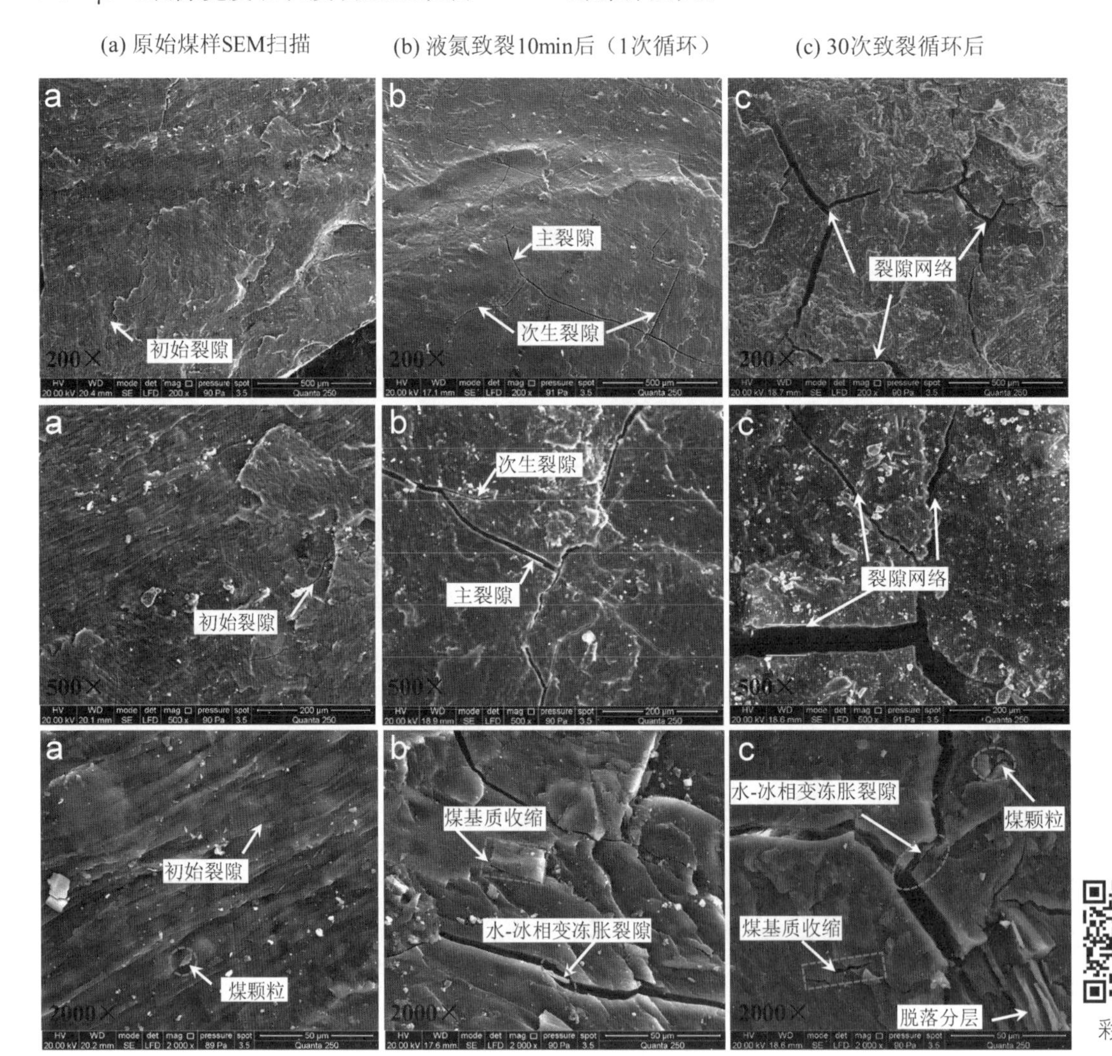

图 2-26　致裂前后煤样扫描电镜图像(200×,500×,2000×)

从力学角度分析，一方面，煤中的基质颗粒在经液氮处理后遇冷收缩，产生收缩拉应力，形成局部的裂隙(图 2－26 中用矩形框标注)；另一方面，煤体水分遇冷结冰膨胀，冻胀力使得煤体裂隙沿着割理方向扩展延伸，在拉应力和冻胀力双重作用下，裂隙逐渐发育，经过多次循环致裂作用，在应力的反复施加过程中，煤体裂隙发展成为贯通多个分层的裂隙网络(张性裂隙和张开型剪性裂隙等)，进而在煤体表面形成宏观裂隙。宏观裂隙网络的形成有助于改善煤层的渗透率，为瓦斯渗流提供良好的运移通道。

此外，煤体经过液氮进行不同致裂时间和不同致裂循环处理后，煤体中出现大量微裂隙，导致缺陷面积增大，而由于应力损伤导致的有效承载面积减小，有效应力随之升高，从而导致煤样力学强度的降低。

基于冰的不可流动性和水冰相变的膨胀性，本书提出一种液氮循环致裂煤层抽采煤层气的方法，构建了煤体液氮致裂测试平台，采用 NMR 技术进行致裂煤体的孔隙特征测试。希望把致裂循环应用于煤层增透抽采煤层气中，促使煤体裂隙发育，促使煤层透气性增加，从而达到煤层气的高效抽采。

2.5 本章小结

本章搭建了液氮致裂测试平台，通过低场核磁共振技术对液氮致裂煤样进行 T_2 谱图、孔隙类型分类、孔隙演化和孔隙度观测研究，并结合扫描电镜技术对液氮致裂过程中煤体微观裂隙演化规律进行定量分析，系统开展了低透气性煤储层液氮循环致裂煤体孔隙演化规律研究。主要进行了关于液氮致裂时间、致裂循环、煤体含水率和煤变质程度对致裂煤体物性改造规律的实验。主要获得以下结论：

(1) 根据孔隙演化规律把 60 min 液氮致裂时间分为：渗流孔发育优势段Ⅰ、Ⅲ和吸附孔发育优势段Ⅱ、Ⅳ。渗流孔增长率随着液氮致裂循环出现“快速增长－增长稳定－快速增长”的趋势；吸附孔、全孔隙和自由水空间增长率表现为“快速增长－增长稳定”的趋势；束缚水空间增长率为负值，且与液氮致裂循环负相关。

(2) 煤体的有效孔隙度和总孔隙度增量率均同致裂时间和致裂循环正相关；煤体残余孔隙度增量率同致裂时间和致裂循环负相关。

(3) 孔隙随着液氮致裂时间的增加逐渐连通发展，其中煤体中较小尺寸孔隙连通为较大尺寸孔隙，逐渐构成流体的渗流裂隙网络，煤体中密闭空间比例逐渐减小，自由流体空间和总体空间比例增加，使得煤体孔隙度、渗透率增加。致裂循环比致裂时间对渗流孔增长率条件的影响更大，致裂循环更有利于产生较大尺寸的渗流孔。通过控制合理的致裂循环次数可实现煤体致裂的高效性。

（4）通过研究液氮致裂时间、致裂循环、煤体含水率和煤变质程度对煤体的改造，发现液氮致裂时间对煤体孔隙度和渗透率的改造有限，随着时间的增加改造作用越来越小；致裂循环次数对孔隙结构影响巨大，尤其是瓦斯渗流孔隙，对孔隙度和渗透率的改造则随着致裂次数逐渐增加，对形成良好的抽采条件具有很大的促进作用；煤体含水率越大煤体增透效果也越好，但是受到煤体饱和含水率的限制；煤阶不同对液氮增透效果不同，主要受煤体初始孔隙度影响，一般情况下，增透效果：褐煤＞无烟煤＞烟煤。

（5）分析了3种经典的NMR渗透率模型，通过精度对比，发现SDR模型渗透率与气体渗透率最吻合，并基于SDR渗透率模型，得出了适用于低变质煤的渗透率与致裂变量的预测公式。扫描电子显微镜结果表明，煤体经过30次致裂循环后会形成最大宽度为32.3 μm的裂隙网络，且在煤体表面脱离的颗粒物逐渐增多，表明液氮的致裂对煤体物性改造作用显著。

3　液氮致裂煤体的分形维数特征

3.1　液氮循环致裂过程中煤体宏观裂隙演化

单次致裂作用对煤体宏观裂隙改造较小，而多次循环致裂对煤体宏观裂隙改造明显。为了描述循环致裂过程中裂隙的扩展形态，图 3-1 展示了煤体(褐煤)裂隙随着致裂循环次数的演化过程。其中图 3-1(a)分别为煤样照片经过调整色阶和对比度后的正视图和底视图；图 3-1(b)为放大 1 000 倍的电子显微镜扫描结果。初始煤样表面光滑，仅有少量的微小初始裂隙，经过致裂 10 次循环后出现了一条最宽处为 1.7 mm 的主裂隙，当致裂循环 20 次时，沿着主裂隙尖端出现了相互交叉的次生裂隙，当致裂循环 30 次后，裂隙逐渐扩展连通，形成较为丰富的裂隙网络，如图 3-1(a)所示。

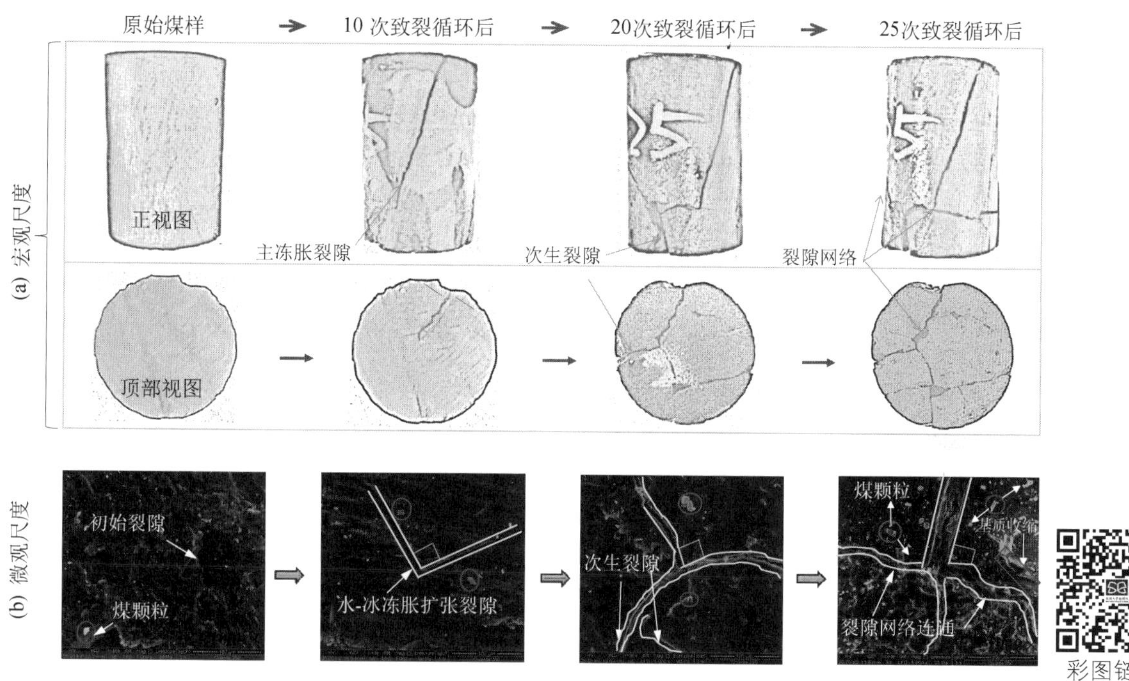

图 3-1　煤体裂隙在液氮致裂过程中宏观和微观尺度的演化图

从微观角度分析，初始煤样表面光滑，有少量的表面颗粒物和微小裂纹；致裂 10 次循环后，沿着煤体割理方向出现了最大宽度为 4.8 μm 的直角形状的冻胀裂隙；致裂 20 循环后，沿着主冻胀裂隙出现了次生裂隙，此时裂隙最大宽度为 7.3 μm；致裂 30 次循环后，沿着煤体割理形成丰富的裂隙网络，最大裂隙宽度为 32.3 μm，如图 3－1(b)所示。其中水冰相变的膨胀会形成张性裂隙，煤基质遇冷收缩形成拉剪性裂隙。随着致裂循环次数的增加，由于液氮的超低温作用，煤体表面脱离的颗粒物逐渐增多，这些颗粒物进入到裂隙中可充当支撑剂，防止裂隙闭合，对煤层气抽采具有积极的意义。

3.2 液氮致裂煤体的表面分形维数特征

分形维数是表征煤岩体裂隙分布和贯通性的重要参数，煤体裂隙表面的几何形状可由分形维数进行定量描述[179]。本书以此为基础，用分形几何方法研究致裂循环过程中煤体表面裂隙的分布规律。分形维数有很多计算方法，比如关联维数、相似维数、容量维数、信息维数和盒子维数[180-184]，其中基于网格覆盖的盒子维数最常用来定量分析裂隙表面的分形特征[184]。

盒子维数是利用边长为 δ 的网格去覆盖裂隙表面，计算出网格内的裂隙数量 $N(\delta)$。改变网格的边长，可以获取不同的 $N(\delta)$。致裂煤体裂隙表面的网格划分和裂隙计算方法展示在图 3－2 中。在 log-log 坐标系下，利用最小二乘法对裂隙数量 $N(\delta)$ 和网格边长 δ 进行回归分析，回归直线的斜率就是裂隙表面的分形维数[184]。回归方程见公式 (3－1)：

$$\ln N(\delta)=\ln A-D\ln\delta \tag{3-1}$$

式中，A 是初始裂隙数量。

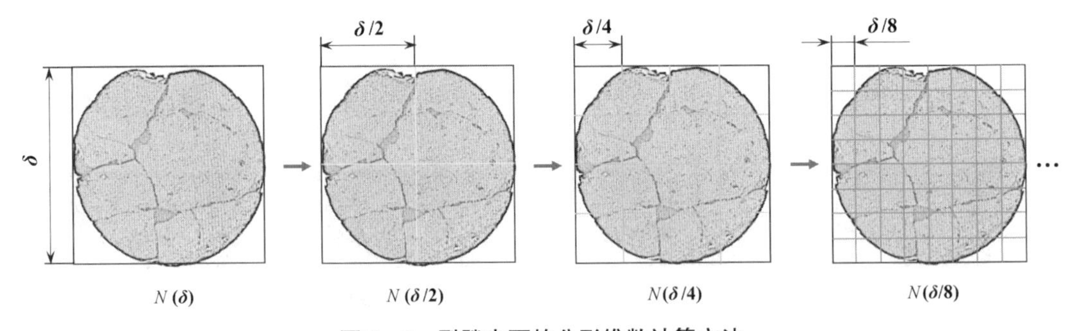

图 3－2　裂隙表面的分形维数计算方法

裂隙密度是评价煤体表面的裂隙数量和分布的重要参数，裂隙密度 ρ 可由截面总裂隙长度 除以截面面积 S 计算得出[184]：

$$\rho = \sum_{i=1}^{n} L_i / S \tag{3-2}$$

式中，L_i是第 i 条裂隙的长度，n 是裂隙总条数。

根据裂隙的分形数据，通过公式(3－2)把不同致裂循环的分形数据拟合成回归直线，如图 3－3(a)所示。从而得到致裂过程中裂隙表面的分形维数。通过煤体表面裂纹的定量分析，表 3－1 列出了液氮致裂循环过程中煤体裂隙表面的分形参数。

表 3－1　液氮致裂循环过程中煤体裂隙表面的分形参数

致裂循环次数	主裂隙数	碎块块数	裂隙密度/m^{-1}	裂纹表面分形维数	相关系数
5	1	2	5.6	1.06	0.990
10	2	3	10.7	1.10	0.982
20	4	4	25.3	1.15	0.974
25	8	7	40.1	1.23	0.985

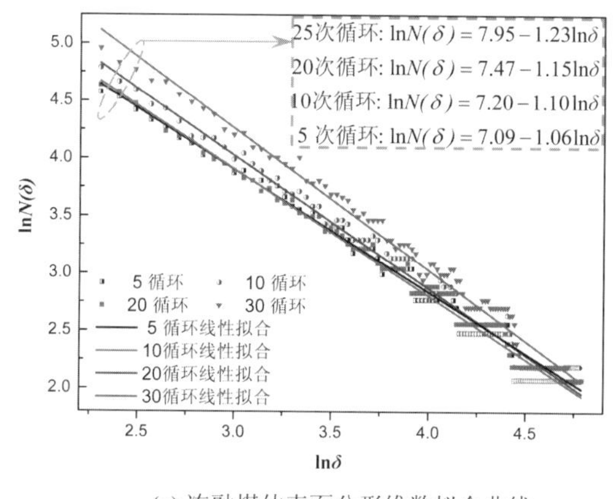

(a) 冻融煤体表面分形维数拟合曲线

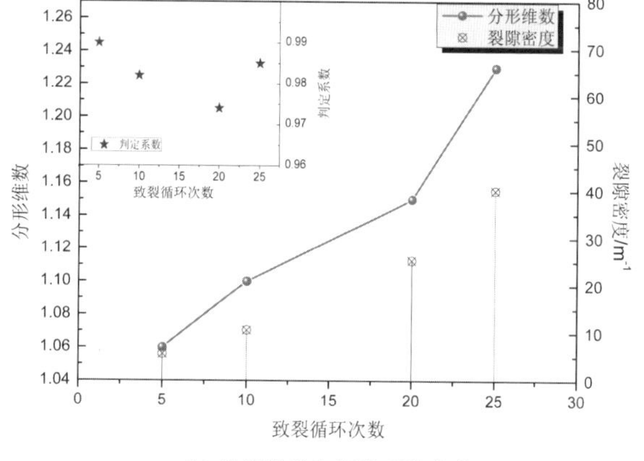

(b) 分形维数和相关系数变化

图 3－3　致裂循环过程中煤样裂隙表面的分形维数特征

彩图链接

结合表 3－1 和图 3－3 分析，随着致裂循环次数的增加，煤体表面的裂隙数量逐渐增加，裂隙密度由 5 次循环的 5.6 m^{-1}增加到 25 次循环的 40.1 m^{-1}。分形维数由 5 次循环的 1.06 增加到 25 次循环的 1.23，且具有持续增长的趋势。另外，判定系数均大于 0.97，说明盒子维数能很好地评价致裂煤体裂隙的分形特征。裂隙密度和分形维数随液氮致裂循环次数的增加而增加，表明液氮致裂循环可以有效地增加煤体中的致裂裂隙，进而降低煤体力学强度，为煤层气的抽采提供良好的条件。

3.3 基于核磁共振的孔隙分形维数研究

定量评价致裂煤体内部的孔隙结构，对研究煤层气的渗流和运移具有重要意义。20 世纪 80 年代，Mandelbrot 等创立了分形几何学[185]。分形维数表征复杂形体占有空间的有效性，是复杂形体不规则性的量度。近年来分形维数理论发展迅速，被广泛应用于自然科学等领域[180,181,186-189]。很多学者利用分形理论来表征煤体的微观非均质性，研究证明分形理论是一种有效的煤体孔隙结构评价方法[182,190]。

在煤体表面分形维数表征方面，通常对煤体的 CT 图像或者 SEM 图像等进行数字化处理，然后利用关联维数、相似维数、容量维数和盒子维数等方法来计算分形维数[191-194]。在煤体内部孔隙的分形维数表征方面，一般采用氮吸附法或者压汞法等方式来计算煤体孔隙的分形维数[195-198]，但是以上方法一般对样品具有损坏性且耗时较长。低场核磁共振技术具有测试方便快捷且不损伤试样等优点，因此核磁共振技术在在表征煤体孔隙的分形维数方面具有诸多优势[199-201]。

关于液氮致裂过程中煤体的分形维数表征尚没有相关研究。本研究从液氮致裂煤体角度，运用分形维数理论，评价不同种类分形维数的准确度，并揭示致裂变量对核磁共振分形维数的影响，研究致裂过程中分形维数和煤体渗透率等参数的关联性。

3.3.1 液氮致裂煤体的核磁共振测试结果

利用核磁共振对液氮致裂前后的煤样进行测试，以液氮致裂循环 15 次的煤样为例，致裂后的煤体 T_2 弛豫时间区间增宽，T_2 幅值增加，最大增幅为 1 153，如图 3－4 所示。表明通过液氮致裂处理后，煤体中出现更多尺寸的孔隙，各种尺寸孔隙的数量和致裂前相比有所增加。液氮致裂处理对煤体形成了冻胀作用、高压气冲击作用和低温损伤三重作用，能在煤体内部形成巨大的损伤应力，经过应力的循环加载，煤体中会形成丰富的裂隙网络。

核磁共振可以无损地测试煤体孔隙度。通过测试饱水状态和离心状态的煤体，分别可以得到煤的总孔隙度和束缚孔隙度（*BVI* 部分），用总孔隙度减去束缚孔隙度即得煤的自由孔隙度（*FFI* 部分），如图 3－5 所示。通过累计孔隙度曲线可以计算出孔径小于一定尺寸的孔隙占总孔隙的体积百分数。

甲烷分子的直径介于 0.34～0.37 nm 之间，且大部分煤层气都吸附在小于 10～50 nm 的微孔隙中。根据分孔规则，本研究把 T_2 曲线的第一个峰代表的孔隙作为瓦斯的吸附孔隙，第二个峰及后面的峰对应的孔隙作为瓦斯的渗流孔隙[169,198]，如图 3－5 所示。

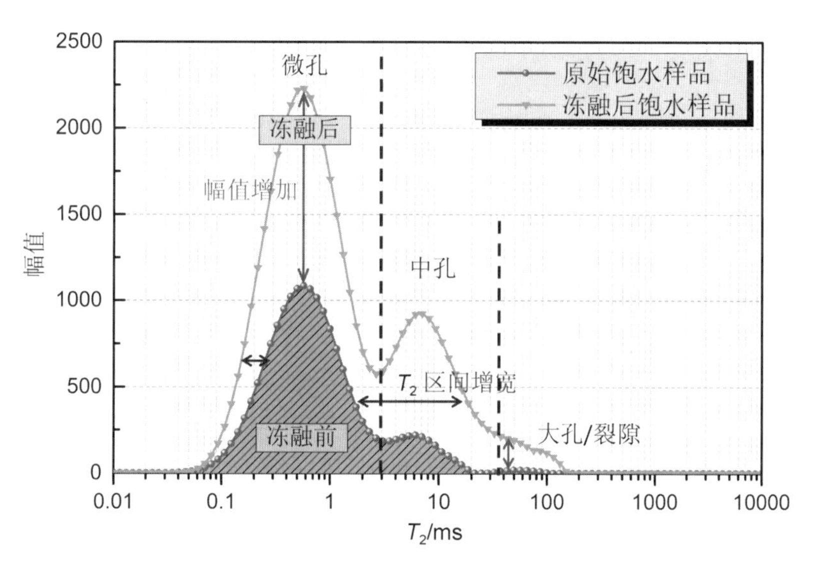

图 3-4 液氮致裂前后煤体的核磁共振 T_2 曲线对比图(循环致裂 15 次后)

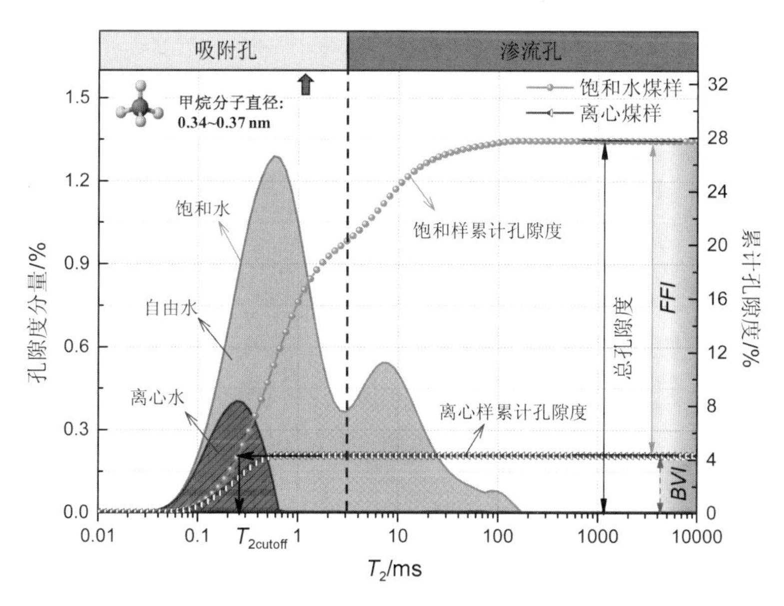

图 3-5 核磁共振方法测试的致裂煤体孔隙度曲线(循环致裂 15 次后)

3.3.2 基于核磁共振的分形维数求取

3.3.2.1 基于毛细管压力的分形维数

根据分形几何理论,煤体中孔隙的孔径符合分形结构,且孔径大于 r 的孔径数目 $N(>r)$ 与孔径的关系满足幂函数关系[199,202,203]:

$$N(>r)=\int_{r}^{r_{max}}P(r)\mathrm{d}r=ar^{-D} \tag{3-3}$$

式中，r_{max}为煤体中最大的孔径，a 为比例常数，$P(r)$为孔径分布的密度函数，D 为煤体内部孔隙分形维数。

通过公式(3－3)对 r 求导，得煤体内部孔径分布密度函数 $P(r)$可表示为：

$$P(r)=\mathrm{d}N(>r)/\mathrm{d}r=a'r^{-D-1} \tag{3-4}$$

式中，$a'=-Da$，是比例常数。

煤体中孔径小于 r 的孔隙累计体积可表示为[199]：

$$V(<r)=\int_{r_{min}}^{r}P(r)ar^{3}\mathrm{d}r \tag{3-5}$$

式中，a 为与煤体孔隙形状常数(立方体孔隙为 1，球体孔隙为 $4\pi/3$)，r_{min}为最小孔径。

将公式(3－4)代入公式(3－5)积分可得：

$$V(<r)=a''(r^{3-D}-r_{min}^{3-D}) \tag{3-6}$$

因此，煤体总孔隙体积为：

$$V_s=V(<r_{min})=a''(r_{max}^{3-D}-r_{min}^{3-D}) \tag{3-7}$$

孔径小于 r 的孔隙累积体积分数 S_v 可表示为：

$$S_v=\frac{V(<r)}{V_s}=\frac{r^{3-D}-r_{min}^{3-D}}{r_{max}^{3-D}-r_{min}^{3-D}} \tag{3-8}$$

由于 r_{min}远远小于 r_{max}，所以公式(3－8)可化简为：

$$S_v=\frac{r^{3-D}}{r_{max}^{3-D}} \tag{3-9}$$

公式(3－9)为煤体中孔径的分形几何表达式。

因为毛管压力和煤体孔径之间具有下式(3－10)所示关系[185,204]：

$$P_C=\frac{2\sigma\cos\theta}{r} \tag{3-10}$$

式中，P_C为煤体孔径 r 对应的毛管压力，σ 为液体的表面张力，θ 为润湿接触角。

联立公式(3－4)、(3－9)和(3－10)可得公式(3－11)，即得煤体中毛管压力曲线的分形几何表达式：

$$S_v=\left(\frac{P_C}{P_{Cmin}}\right)^{D-3} \tag{3-11}$$

式中，P_{Cmin}为煤体中最大孔径 r_{max}相对应的入口毛管压力；S_v为毛管压力为 P_C时煤体中润湿相所占的孔隙体积分数。

3.3.2.2 核磁共振和分形维数的关系

根据核磁共振的弛豫机制可知，在均匀磁场中测量的煤体横向弛豫时间 T_2 可表达为[128,205]：

$$\frac{1}{T_2}=\frac{1}{T_{2B}}+\rho\left(\frac{S}{V}\right)+\frac{D\,(\gamma G T_E)^2}{12} \tag{3-12}$$

式中，公式右侧的三部分分别表示横向体积弛豫、横向表面弛豫以及扩散弛豫；S 为孔隙表面积（cm^2）；T_{2B}为流体的体积弛豫时间（ms）；ρ 为煤体的横向表面弛豫度（μm/ms）；V 为孔隙体积（cm^3），G 为磁场梯度（10^{-4}/cm），D 为扩散系数（μm^2/ms）；T_E 为回波间隔（ms）；γ 为磁旋比（1/TS）。

因为 T_{2B}数值一般在 3 000 ms 以上，远远大于 T_2，因此第 1 项的横向体积弛豫可以省略。当磁场均匀且回波时间 T_E 足够短时，第 3 项的扩散弛豫也省略不计。因此公式（3－12）可以简化为：

$$\frac{1}{T_2}=\rho\left(\frac{S}{V}\right)=\frac{F_S\rho}{r} \tag{3-13}$$

式中，T_2为横向弛豫时间（ms），ρ 为横向表面弛豫强度（μm/ms），S 为孔隙表面积（cm^2），V 为孔隙体积（cm^3），F_S 为孔隙形状因子（球状孔隙，$F_S=3$；柱状孔隙，$F_S=2$，裂隙，$F_S=1$），r 为煤体孔径。

由公式（3－10）和（3－13）可得[206]：

$$P_C=C\frac{1}{T_2} \tag{3-14}$$

式中，$C=\left|\frac{2\sigma\cos\theta}{F_S\rho}\right|$，为转换常数。

上述分析可知，核磁共振 T_2谱曲线和毛管压力具有关联性，二者均能与煤体孔隙孔径对应。由公式（3－14）可知，T_2和 P_C是相对应的，且 P_{Cmin}与 T_{2max}相对应：

$$P_{Cmin}=C\frac{1}{T_{2max}} \tag{3-15}$$

将公式（3－14）和（3－15）代入公式（3－11）可得：

$$S_v=\left(\frac{T_{2max}}{T_2}\right)^{D-3} \tag{3-16}$$

式中，S_v为横向驰豫时间小于 T_2的孔隙累积体积与总孔隙体积比值。

对公式（3－16）两边取对数，便得到核磁共振 T_2谱的近似分形几何公式：

$$\ln(S_v)=(3-D)\ln(T_2)+(D-3)\ln(T_{2max}) \tag{3-17}$$

根据公式（3－17）可知，如果煤体中孔隙结构具有分形几何特征，则 $\ln(S_v)$与 $\ln(T_2)$应具有线性相关关系，可用公式（3－17）对测试数据进行回归分析，根据回归方程的系数可得煤体中孔隙的分形维数 D 和最大弛豫时间 T_{2max}。因此，基于核磁共振测试的分形维数 D 的计算表达式为：

$$D=\frac{\ln(S_v)}{\ln(T_{2\max})-\ln(T_2)}+3 \tag{3-18}$$

3.3.3 液氮致裂煤体的NMR分形维数

相比简单分形，多重分形可将研究对象划分为不同的小区域，不同的小区域具有不同的分形特征，这样更有利于研究分形体内部的具体结构。图3-6以液氮致裂5 min后的煤样为例，基于煤体中水的状态和孔径大小，分别列出了5种NMR分形维数计算方法。饱和水状态的煤体和离心后(束缚水状态)的煤体中的流体分别对应着煤体中总孔隙和密闭孔隙。饱和水减去束缚水得到煤体中的自由水，自由水对应着煤体中的开放孔隙。

根据煤体中水的状态，可把致裂煤体的核磁共振分形维数分为束缚水维数 D_{ir}、自由水维数 D_F 和总流体维数 D_T，它们分别表征了煤中的密闭孔隙、开放孔隙和总孔隙的分形特征，如图3-6(a)所示。用公式(3-17)对 $\ln(T_2)$ 和 $\ln(S_v)$ 进行拟合，可得到该煤样的分形维数 D 和 $T_{2\max}$。

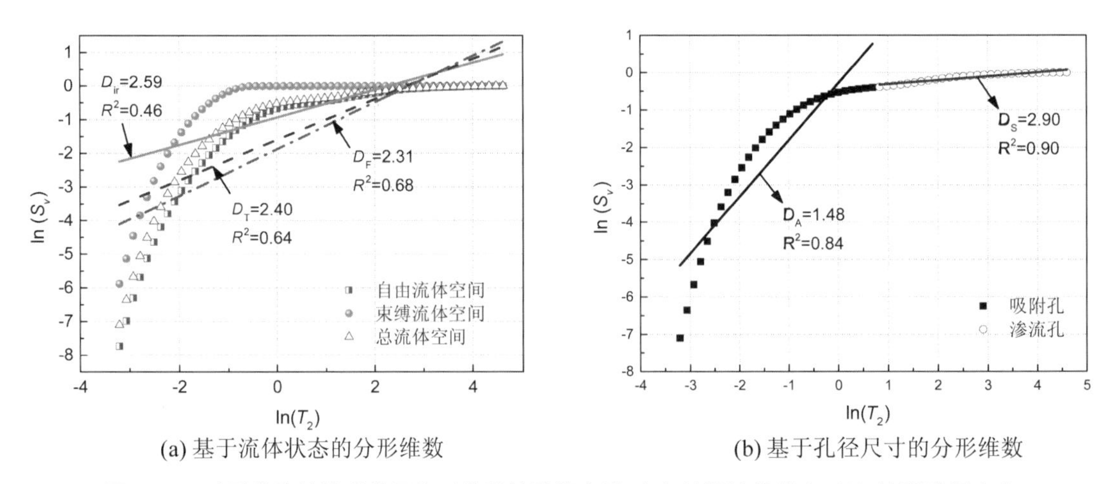

(a) 基于流体状态的分形维数　　(b) 基于孔径尺寸的分形维数

图3-6　致裂煤体的核磁共振分形维数的计算方法：(*a*) 按照流体状态；(*b*) 按照孔径大小

根据分形几何理论，煤体孔隙结构的分形维数介于2和3之间，分形维数数值越接近于2，煤体的孔隙分布越简单；分形维数数值越接近3，表明煤体内孔隙越复杂、非均质性越强[182,201]。

以液氮致裂5 min后的煤体为例，束缚水状态的分形维数 D_{ir} 为2.59，拟合精度为0.46；自由水状态的分形维数值 D_F 为2.31，拟合精度为0.68；饱和水状态的分形维数 D_T 为2.40，拟合精度为0.64。三种分形维数值均介于2～3之间，因此这三种流体状态对应的孔隙均具有分形特征，且自由水状态的分形维数 D_F 的分形特征最明显。

根据图 3－5，可把煤体中孔隙分为煤层气的吸附孔和渗流孔。通过公式（3－17）分别求取了两种孔隙对应的 NMR 分形维数 D_A和 D_S，如图 3－6（b）所示。以液氮致裂 5 min 后的煤体为例，吸附孔分形维数 D_A为 1.48，拟合精度为 0.84；渗流孔分形维数 D_S为 2.90，拟合精度为 0.90。吸附孔分形维数值小于 2，因此吸附孔不具有分形特征；渗流孔分形维数值介于 2～3 之间，且拟合精度高，具有明显的分形特征。基于流体状态和孔径大小分类的 5 种核磁共振分形维数见表 3－2。

表 3－2 致裂煤体的核磁共振分形维数

样品编号	基于流体空间的分形维数						基于孔径的分形维数			
	D_{ir}	R^2	D_F	R^2	D_T	R^2	D_A	R^2	D_S	R^2
T-1	2.58	0.46	2.33	0.62	2.408	0.62	1.375	0.86	2.956	0.92
T-10	2.597	0.45	2.287	0.64	2.386	0.61	1.368	0.86	2.948	0.92
T-20	2.595	0.45	2.253	0.59	2.375	0.62	1.356	0.87	2.936	0.93
T-30	2.582	0.46	2.231	0.66	2.341	0.66	1.398	0.85	2.91	0.90
T-40	2.61	0.44	2.139	0.69	2.329	0.66	1.329	0.87	2.907	0.89
T-50	2.586	0.46	2.13	0.69	2.323	0.66	1.312	0.88	2.905	0.89
T-60	2.597	0.45	2.071	0.69	2.313	0.67	1.343	0.87	2.895	0.92
C-1	2.592	0.46	2.31	0.68	2.399	0.64	1.482	0.84	2.90	0.90
C-5	2.595	0.45	2.34	0.66	2.398	0.65	1.37	0.87	2.916	0.91
C-10	2.597	0.45	2.30	0.68	2.385	0.64	1.319	0.87	2.916	0.93
C-15	2.574	0.47	2.295	0.67	2.363	0.64	1.315	0.87	2.91	0.91
C-20	2.588	0.46	2.25	0.65	2.358	0.62	1.493	0.85	2.907	0.92
C-25	2.579	0.47	2.17	0.68	2.352	0.65	1.39	0.86	2.904	0.91
C-30	2.589	0.46	2.06	0.67	2.326	0.66	1.448	0.86	2.895	0.90

注：D_{ir}表示用束缚水状态计算的分形维数，D_F表示基于自由水状态的分形维数，D_T表示基于全部孔隙空间的分形维数，D_A表示基于瓦斯吸附孔的分形维数，D_S表示基于瓦斯渗流孔的分形维数；*T*-10 表示液氮致裂 10 min 后的煤样，*C*-10 表示循环致裂 10 次后的煤样，每个循环冻结 5 min，融化 5 min。

通过公式（3－17）对液氮致裂 0～60 min 和循环致裂 1～30 次后的核磁共振数据进行拟合。由图 3－7 可知，致裂煤体的密闭孔隙的分形维数 D_{ir}的区间为 2.574～2.61，平均值为 2.59；开放孔隙的分形维数 D_F的区间为 2.06～2.347，平均值为 2.23；吸附孔分形维数 D_A的区间为 1.312～1.493，平均值为 1.38；渗流孔分形维数 D_S的区间为 2.895～2.956，平均值为 2.92；总孔隙的分形维数 D_T的区间为 2.313～2.408，平均值为 2.31。

由图 3－7 可知，液氮致裂煤体孔隙结构具有多重分形结构，自由流体状态对应的开放孔隙和煤层气的渗流孔隙具有明显的分形特征，其他孔隙分形特征不明显或者不具有分形特征。

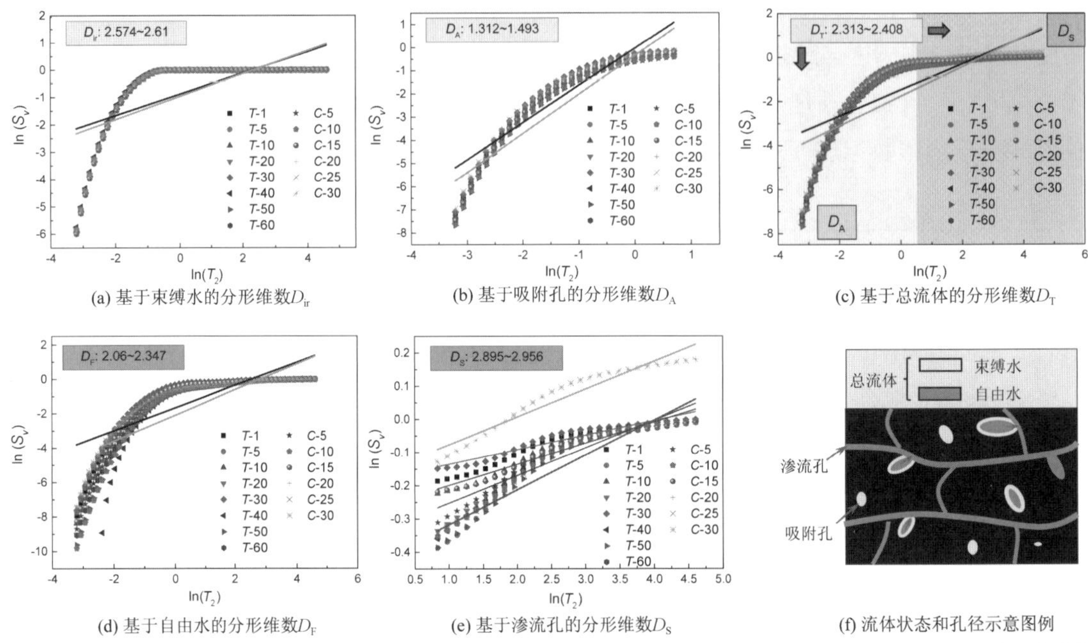

(a) 基于束缚水的分形维数D_{ir}　(b) 基于吸附孔的分形维数D_A　(c) 基于总流体的分形维数D_T

(d) 基于自由水的分形维数D_F　(e) 基于渗流孔的分形维数D_S　(f) 流体状态和孔径示意图例

图 3-7　液氮致裂煤体的 NMR 分形维数计算及其分形特征

彩图链接

3.3.4　核磁共振分形维数和液氮致裂变量的关系

图 3-8 分别列出了煤体的 5 种分形维数随着液氮致裂时间和致裂循环次数的变化趋

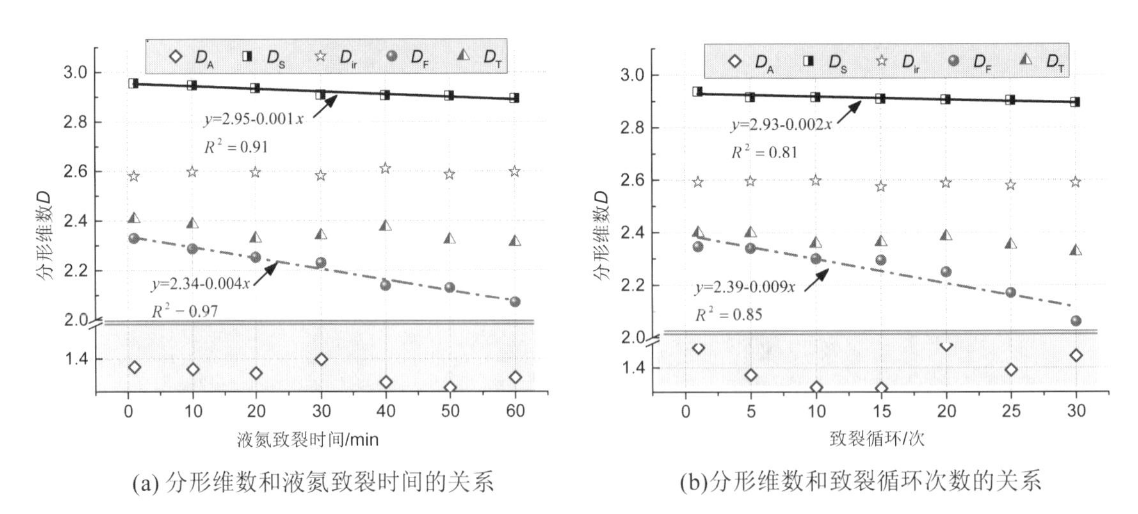

(a) 分形维数和液氮致裂时间的关系　(b)分形维数和致裂循环次数的关系

图 3-8　基于核磁共振的煤体分形维数与液氮致裂变量的关系

势。按照数值大小排序：$D_S > D_{ir} > D_T > D_F > D_A$。由图 3-8 可知，吸附孔的分形维数值 D_A 小于 2，因此致裂煤体的吸附孔隙不具有分形特征；束缚水状态对应的密闭孔分形维数 D_{ir} 和饱和水状态对应的总孔隙分形维数 D_T 随着液氮致裂时间和致裂循环次数的增加并没有明显的变化规律；自由水对应的开放孔隙分形维数 D_F 和渗流孔分形维数 D_S 均与液氮致裂时间和致裂循环次数负相关。D_F 和 D_S 随着液氮致裂时间的下降率分别为 0.004 和 0.001；D_F 和 D_S 随着致裂循环次数的下降率分别是 0.009 和 0.002。因此 D_F 的下降率均大于 D_S，且 D_F 的拟合精度大于 D_S。

另一方面，D_F 和 D_S 在致裂循环次数中的下降率大于在液氮致裂时间中的。由于分形维数的大小反映了孔隙结构的复杂程度和吸附瓦斯能力。分形维数越小，非均质性越弱，孔隙分布越均匀，连通程度越高，越有利于煤层气的产出。因此，液氮致裂循环相比持续的液氮致裂更有利于煤层气的产出。

3.3.5 核磁共振分形维数和致裂煤体孔隙度与渗透率的关系

开放孔隙分形维数 D_F 和渗流孔分形维数 D_S 具有明显的分形特征，且拟合精度高。图 3-9(a)和 3-9(b)分别统计了 D_F 与 D_S 和致裂煤体孔隙度的关系。通过线性拟合可知，总孔隙度和自由孔隙度与分析维数 D_F/D_S 负相关。此外，自由孔隙度与分形维数线性拟合精度高于总孔隙度。总孔隙度和自由孔隙度随着 D_F 下降的斜率分别是 −16.5 和 −19.6；随着 D_S 下降的斜率分别是 −67.8 和 −85.1，由此可知分形维数对自由孔隙度影响较大。由图 3-9 可知，D_F 的取值范围较 D_S 的更宽，线性拟合精度更高。

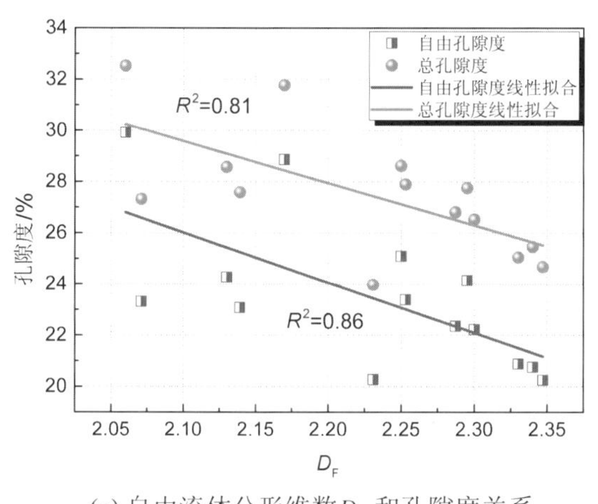

(a) 自由流体分形维数 D_F 和孔隙度关系

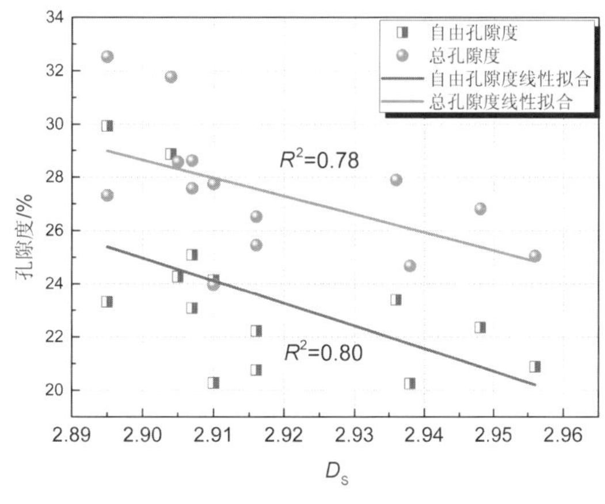

(b)渗流孔分形维数 D_S 和孔隙度关系

图 3-9　致裂煤体的孔隙度和分形维数的关系

通过对致裂煤体的渗透率和分形维数的关联分析，发现致裂煤体渗透率与分析维数具有线性负相关关系，如图 3-10 所示。致裂煤体渗透率随着 D_F 减小的斜率为 -2.35，随着 D_S 减小的斜率为 -10.87。渗透率与 D_F 和 D_S 的拟合公式见公式(3-19)和(3-20)，且 D_F 与渗透率的拟合精度大于 D_S。因此，分形维数的值的范围越宽，其与渗透率的关联性越好。

$$k=5.97-2.35\times D_F \quad R^2=0.79 \tag{3-19}$$

$$k=32.5-10.87\times D_S \quad R^2=0.76 \tag{3-20}$$

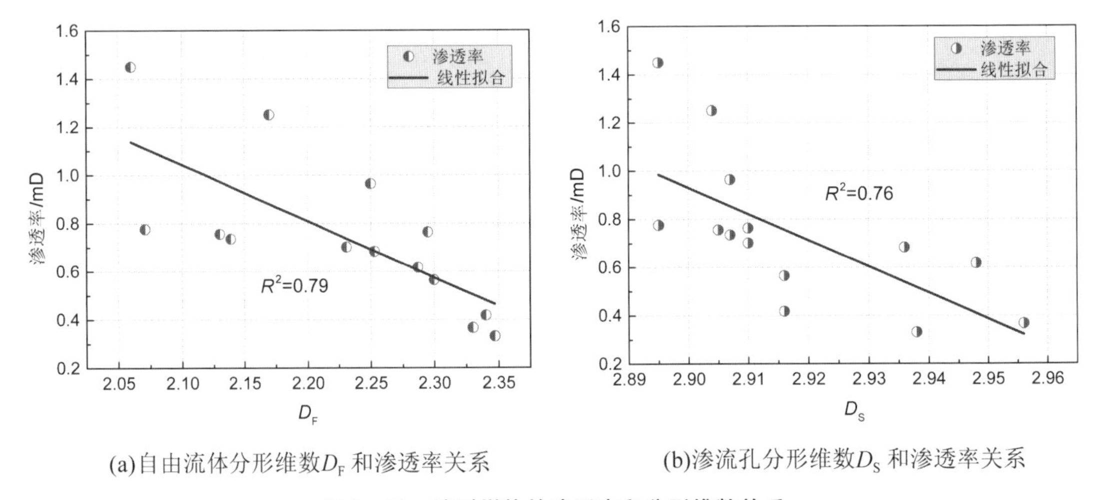

(a) 自由流体分形维数 D_F 和渗透率关系　　(b) 渗流孔分形维数 D_S 和渗透率关系

图 3-10　致裂煤体的渗透率和分形维数关系

通过孔隙度、渗透率和分析维数的关联分析，结果表明：分形维数决定了孔隙度、渗透率大小，分形维数越大，孔隙度和渗透率越小，孔隙分选性越差，非均质性越强，越不利于气体的渗流和产出。

3.4　本章小结

为了定量评估液氮致裂后的煤体表面和孔隙结构的复杂程度，研究煤体孔隙系统对煤层气抽采的影响，本章利用核磁共振技术和分形维数理论对致裂过程中的低阶煤体孔隙特征进行了关联分析，基于盒子维数研究了液氮致裂煤体的表面分形维数特征；推导了基于横向弛豫时间 T_2 和孔隙度的核磁共振分形维数的表达式；根据煤体孔隙中的流体状态和孔径大小，把致裂煤体内部孔隙的分形维数分为 5 种。主要获得以下结论：

(1) 通过盒子维数分析，分形维数由 5 次致裂循环的 1.06 增加到 25 次循环的 1.23，且具有持续增长的趋势。致裂循环变量对致裂煤体渗透率具有显著的改造效果。

(2) 致裂煤体的密闭孔隙的分形维数 D_{ir} 的平均值为 2.59；开放孔隙的分形维数 D_F 的

平均值为2.23；吸附孔分形维数D_A的平均值为1.38；渗流孔分形维数D_S的平均值为2.92；总孔隙的分形维数D_T的平均值为2.31。按照D的数值大小排序：$D_S>D_{ir}>D_T>D_F>D_A$。

(3) 结果表明吸附孔分形维数D_A小于2，吸附孔不具有分形特征；束缚水状态和饱和水状态的分形维数D_{ir}和D_T拟合不规律，密闭孔隙的分形特征不明显；自由水状态的分形维数D_F和渗流孔分形维数D_S拟合度高，开放孔隙和瓦斯渗流孔隙具有很好的分形特征。通过关联分析发现，D_F和D_S与液氮致裂时间和致裂循环次数负相关。可见致裂煤体孔隙结构具有多重分形结构，且自由流体状态对应的开放孔隙和煤层气的渗流孔隙具有明显的分形特征，其他孔隙分形特征不明显或者不具有分形特征。

(4) 致裂过程中，煤体孔隙度和渗透率均与分形维数负相关，并得出了渗透率与分形维数D_F和D_S的预测模型。研究发现，D_F取值范围最大，拟合精度最高，且自由孔隙度(开放孔隙)对煤体渗透率的改造具有关键作用。分形维数越小，孔隙分布越均匀，连通程度越高，越有利于煤层气的产出。故得出循环的液氮致裂相比持续的液氮致裂更有利于煤层气的产出。

(5) 表面分形维数变大说明表面越来越粗糙，产生了更多的裂纹；孔隙内部分形维数变小说明孔隙间相互连通，使得孔隙内部复杂性越来越小，更平整的孔隙结构特征更有利于煤层气的运移和产出。

4 液氮致裂作用下煤体力学特性演化及声发射特征研究

4.1 液氮致裂作用下煤体力学特性实验

4.1.1 研究目的

循环冻融长期以来被视为一种低温灾害现象，对建筑物、岩体稳定性等会造成很大损害，很多学者的研究主要是针对高寒地区的冻结岩石力学特性[123,207]。Hale 和 Shakoor 研究了 6 种不同岩石在不同冻融循环后的失效模式和抗压强度，指出多次冻融循环可有效减小岩石抗压强度，并对岩石孔隙度造成破坏[122]。Yavuz 等利用 12 种不同的碳酸盐岩石进行 20 次冻融风化处理，通过分析冻融前后岩石孔隙度和纵波波速等物理特性，建立了碳酸盐岩石的冻融风化指标模型[124]。Matsuoka 对很多种岩样进行了循环冻融试验，研究表明岩石的抗拉强度、孔隙率等对岩石劣化程度产生很大影响，致密岩石的冻胀损伤主要是由一些初始裂纹控制[132]。Altindag 等研究了灰岩在不同冻融循环处理后的力学特性并得出衰减速率和冻融循环的关系模型[101]。

目前关于不同液氮致裂参量对煤体的破坏机理及损伤力学特性尚没有系统深入的研究，本章对煤体进行不同液氮致裂条件下的低温处理，然后对经过不同致裂变量处理后的煤样进行单轴抗压强度、声发射特征和超声波波速对比测试，以期获得不同条件下液氮低温致裂后的煤体物性变化和裂隙发展规律，分析液氮对煤储层的致裂效应、机制和影响因素，为煤储层循环液氮压裂技术研究提供试验支撑。

4.1.2 试样准备和实验方案

本实验中煤炭样品均选自中国内蒙古胜利煤田的褐煤，采用原煤作为研究对象是因为原煤利于保存煤体原始割理和裂隙。通过钻机钻取直径为 50 mm、高度为 100 mm 的标准煤样，圆柱轴向均平行于面割理方向。为保证样品的统一性，试验样品均取自同一块煤炭，挑选结构规则、表面完整的煤样，通过物性测试选择相似样品。对样品编号，并测量出样品各项参数及工业分析，见表 4 - 1 和表 4 - 2。

表 4 - 1 试样参数及编号

样品	孔隙度 /vol%	饱水含水率 /wt%	样品	孔隙度 /vol%	饱水含水率 /wt%
T-1	17.1	13.5	*C*-5	17.9	14.2
T-5	17.1	13.3	*C*-10	13.6	11.3
T-10	16.8	12.9	*C*-15	17.4	14.1
T-20	18.0	14.2	*C*-20	16.1	13.0
T-30	12.4	9.6	*C*-25	16.1	13.0
T-40	17.0	13.7	*C*-30	11.9	10.2
T-50	15.9	12.6	—	—	—
T-60	13.9	11.0	—	—	—

注：*T*-5 表示液氮致裂 5 min 后的煤样，*C*-10 表示致裂循环 10 次后的煤样，每个循环冻结 5 min，融化 5 min；wt%代表质量百分率；vol%代表体积百分率。

表 4 - 2 试样物理力学参数

煤种	密度 /(kg·m^{-3})	抗压强度 /MPa	弹性模量 /GPa	泊松比	抗拉强度 /MPa	内聚力 /MPa	内摩擦角 /°
褐煤	1161	11.2	0.51	0.28	0.15	0.18	20

致裂控制因素主要包括液氮致裂时间、致裂循环和煤体含水率 3 个致裂变量。对煤体进行编号后，利用真空饱水装置对煤样进行饱和水处理，其中不同煤体含水率通过调节真空干燥箱干燥时间来获取。然后将饱水煤样和不同含水率煤样放在液氮致裂试验箱中进行致裂处理。

液氮致裂时间分别为：1 min、5 min、10 min、20 min、30 min、40 min、50 min、60 min；致裂循环次数分为：1 次、5 次、10 次、15 次、20 次、25 次、30 次，其中每个循环冻结 5 min，室温融化 5 min；不同煤样含水率分为：0%、5.13%、7.9%、11.9%、13.94%，致裂 90 min。然后对致裂煤体进行单轴压缩测试，在应变监测和压缩过程中进行声发射信号的采集，试验设备及流程图如图 4 - 1 所示。

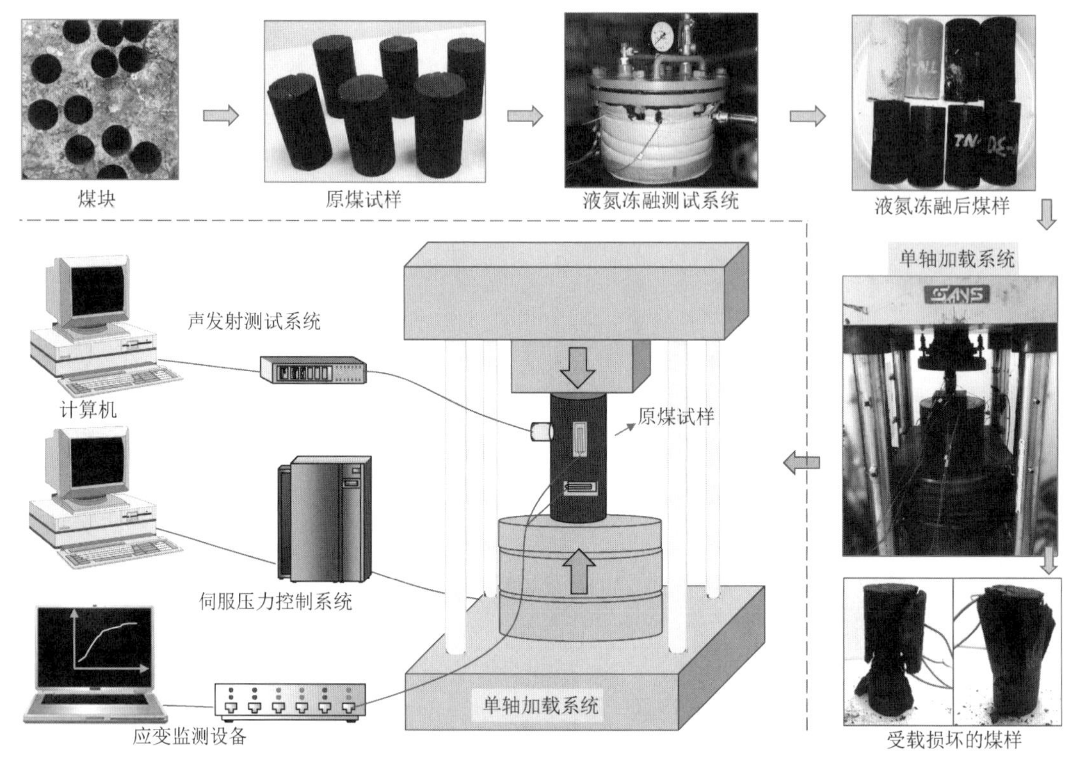

图 4-1　实验设备及流程图

4.2　液氮致裂条件下煤体力学特性实验结果

4.2.1　单轴压缩过程致裂煤体裂隙演化及声发射结果

1）致裂煤体在单轴压缩过程中的裂隙演化

煤体的单轴抗压强度是不施加围压，在轴向压力下煤体出现压缩破坏时的极限压力值。液氮的低温致裂对煤体力学性能会产生巨大影响，根据不同液氮致裂时间和不同液氮致裂循环作用下的煤体抗压强度和弹性模量等参数，可以确定不同液氮致裂变量对煤体的损伤程度[208,209]。

煤岩体受力发生变形时，煤岩体局部裂隙产生应力集中，导致应变能的增高。当应力超过物体力学强度时，初始裂隙尖端则产生屈服和变形，进而裂隙扩展，以弹性波的形式释放出煤岩体内部的能量，即为声发射现象[210-213]。通过对煤岩形变过程中声发射信号的采集和分析，可推断出煤岩体受力作用下的裂隙产生、扩展、连通及破坏的过程，反演煤岩体的破坏机制[214-218]。

结合试验结果，液氮致裂后煤样的单轴压缩破坏过程可分为压密、弹性、屈服和破坏 4

个阶段，以液氮致裂 60 min 后煤样为例进行分析(图 4－2)：

(1) 裂隙压密阶段 OA：在载荷作用下，液氮致裂试样中冻融作用产生的裂隙逐渐闭合，煤样被压密，体积呈非线性减小，应力-应变曲线上表现为应力增长速率较慢。在此变形阶段，加载损伤很小，声发射信号的产生主要来自煤样内部冻融裂纹闭合所引起的晶粒滑移摩擦。OA 阶段越长代表冻融后煤样中的裂隙越发育。

(2) 弹性变形阶段 AB：试样进入线弹性变形阶段，此时原来存在于煤体中的裂纹在上一阶段已经被压实，新的裂纹还未发育，体积呈线性减小，应力与应变曲线近似于直线。其中 A 点对应的应变为裂隙闭合应变，B 点对应应变为屈服点应变，AB 段代表煤体弹性变形阶段。此阶段，声发射事件很少，一段时间内维持在较低值。AB 阶段越短，说明试样弹性变形阶段越小，试样强度越小。

(3) 屈服阶段 BC：煤样内部裂纹开始产生、扩展，裂隙体积缓慢增大，煤样体积减小的速率降低。随着加载的进行，裂隙贯通为宏观裂隙，声发射事件突然增加，会出现急增点。

(4) 破裂阶段 C 点后：在本阶段中，裂隙快速发展，裂隙的贯通导致宏观断裂。煤样形态体现为沿宏观断裂面进行块体滑移，同时应力随应变增大迅速下降。随着应力－应变曲线的突然跌落，声发射振铃计数会急剧增加，试样破坏后，声发射事件数随着煤体应力的释放又迅速减少至消失。

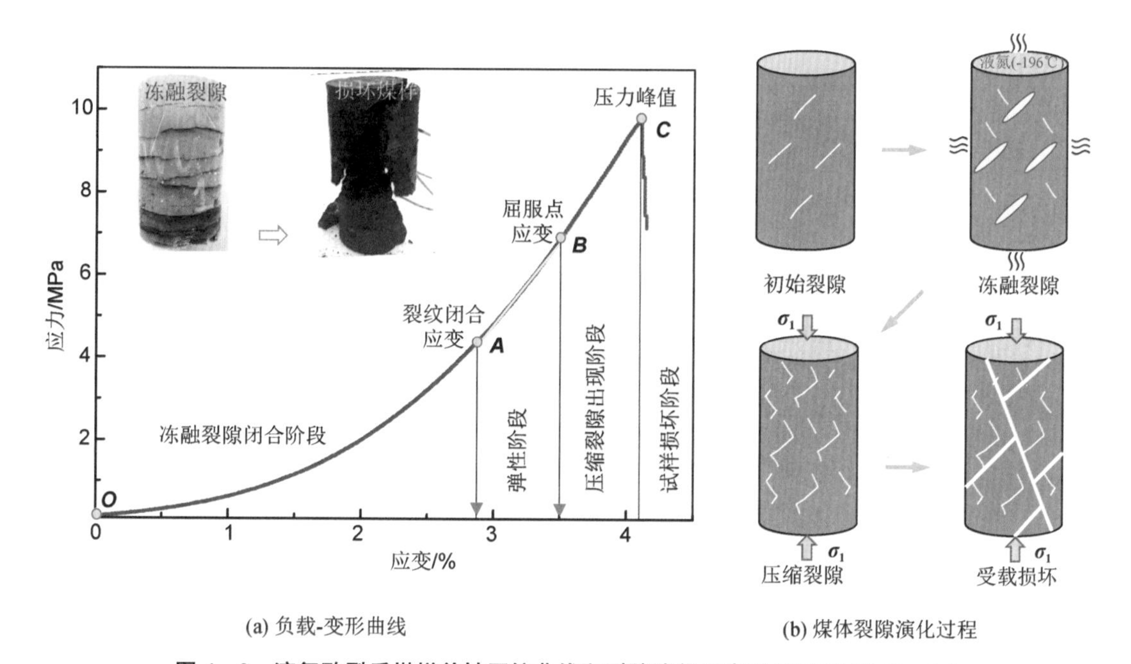

(a) 负载-变形曲线　　(b) 煤体裂隙演化过程

图 4－2　液氮致裂后煤样单轴压缩曲线和裂隙演化示意图(液氮致裂 60 min)

进行液氮致裂前，煤样存在少量初始微裂隙，液氮致裂处理后，在液氮冻胀和低温损伤作用下，煤体内部会产生不同程度的冻融裂隙，冻融裂隙在单轴压缩阶段会被压密闭合，然后煤样在加载压缩下会重新产生压缩裂隙，压缩裂隙相互贯通形成宏观断裂至试样破坏，如图 4－2 所示。通过分析单轴压缩过程中试样的声发射特征和力学特征，可以得出不同致裂参量下煤样的损伤程度和裂隙发育程度。

2）单次致裂和循环致裂对煤体声发射信号的影响

通过监测不同液氮致裂参量处理后煤样在单轴压缩过程中的应力应变数据和声发射信号，把液氮致裂前煤样，液氮致裂 30 min、60 min 后，以及致裂 10 次、20 次和 30 次循环后，煤样的应力-应变曲线和声发射数据绘制在图 4－3 中。

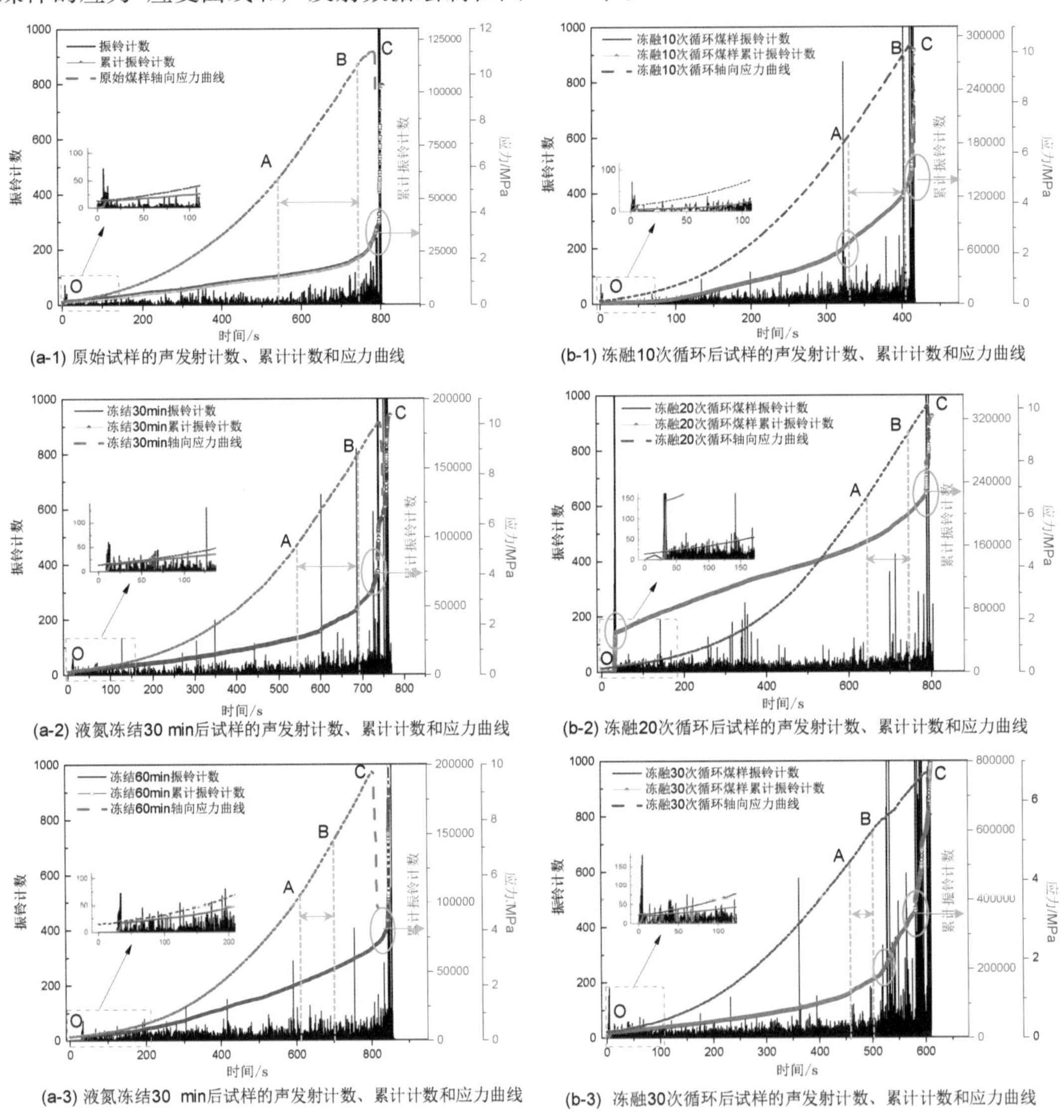

(a-1) 原始试样的声发射计数、累计计数和应力曲线

(b-1) 冻融10次循环后试样的声发射计数、累计计数和应力曲线

(a-2) 液氮冻结30 min后试样的声发射计数、累计计数和应力曲线

(b-2) 冻融20次循环后试样的声发射计数、累计计数和应力曲线

(a-3) 液氮冻结30 min后试样的声发射计数、累计计数和应力曲线

(b-3) 冻融30次循环后试样的声发射计数、累计计数和应力曲线

图 4－3　单次致裂和循环致裂煤样单轴压缩及声发射特性图

根据试验结果，煤样的单轴抗压强度随着液氮致裂时间和致裂循环的增加而降低。液氮致裂处理前煤样的抗压强度为 11.2 MPa，液氮致裂 30 min 和 60 min 后，抗压强度分别为 10.1 MPa 和 9.7 MPa，较原煤样分别降低了 9.8%和 13.4%；液氮致裂循环 10 次、20 次和 30 次后，抗压强度分别为 10.28 MPa、10.16 MPa 和 6.7 MPa，较原煤样分别降低了 8.2%、9.3%和 40.2%。

在裂隙压密阶段 *OA*，未致裂处理的煤样[图 4－3(a－1)]有很少的声发射信号，随着液氮致裂时间和致裂循环的增加，致裂煤样在裂隙压密阶段出现更多较为密集的声发射信号，且持续时间加长。液氮致裂 30 min 和 60 min 后的煤样[图 4－3(a－2)和图 4－3(a－3)]在 *OA* 阶段的声发射事件数量和幅值增加明显；此外，20 次和 30 次循环致裂后的煤体[图 4－3(b－2)和图 4－3(b－3)]在裂隙压密阶段出现比单次液氮致裂后幅值更大的声发射信号，这是由于 20 次和 30 次致裂循环后的煤样中出现了大量的冻融裂隙，这些冻融裂隙在单轴压缩过程中的滑移摩擦诱发 *OA* 阶段的幅值较大的声发射事件。

在屈服阶段 *BC*，声发射事件累计计数和持续时间随着致裂时间和循环逐渐增加，液氮致裂煤体的累计计数数值是致裂前煤样的 3～7 倍，声发射事件幅值为致裂前煤样的 2～8 倍。

在破裂阶段 *C* 点后，小裂隙逐渐向大裂隙或宏观裂隙转变，造成煤样的脆性破裂。单次液氮致裂处理的煤样[图 4－3(a－2)、图 4－3(a－3)的声发射累计事件数会出现一个急增点，图中用椭圆标注]，而经过致裂循环处理后的煤样[图 4－3(b)]会出现两个或更多的急增点，这是由于致裂循环相比单次液氮致裂对煤体力学强度损伤更大，在煤体破裂前会由于强度降低会提前释放部分应力能，导致多个急增点的出现。整个压缩过程中，致裂处理后的声发射累计计数值会比未致裂的大 2～8 倍，且致裂循环后煤样累计计数比单次液氮致裂的大。

从裂隙发育角度分析，经液氮致裂后，煤体孔隙内的水结冰冻胀，导致煤体内部裂隙扩展、贯通为液氮冻融裂隙，由于裂隙增多，煤体力学强度降低，因此在单轴压缩过程中煤体中应力应变能量得到充分释放，表现为声发射事件在压密阶段的加长，以及屈服阶段和破裂阶段的急增点的出现。

3）不同致裂变量对液氮致裂煤体的力学特性影响

初始煤样中含有少量微裂隙，经过液氮致裂处理后，煤体中会出现不同程度的冻融裂隙，冻融裂隙在单轴压缩过程中被压实，达到裂隙强度极限时则产生新的压缩裂隙，裂隙之间相互连通直到试样破坏。由于致裂煤体在压缩的各个阶段会产生不同的声发射信号，包括冻融裂隙压实过程中的摩擦和挤压信号，也包括压缩裂隙产生时的开裂信号，以及煤样最后损坏时的劈裂信号。

根据致裂煤体中裂隙的演化特征，本书把致裂煤体的压缩破坏过程中划分为压实、弹性、屈服和破坏4个阶段。在图4-4中，OA 代表裂隙压实阶段，AB 代表煤体弹性变形阶段，B 点之后代表煤体屈服和破坏阶段。

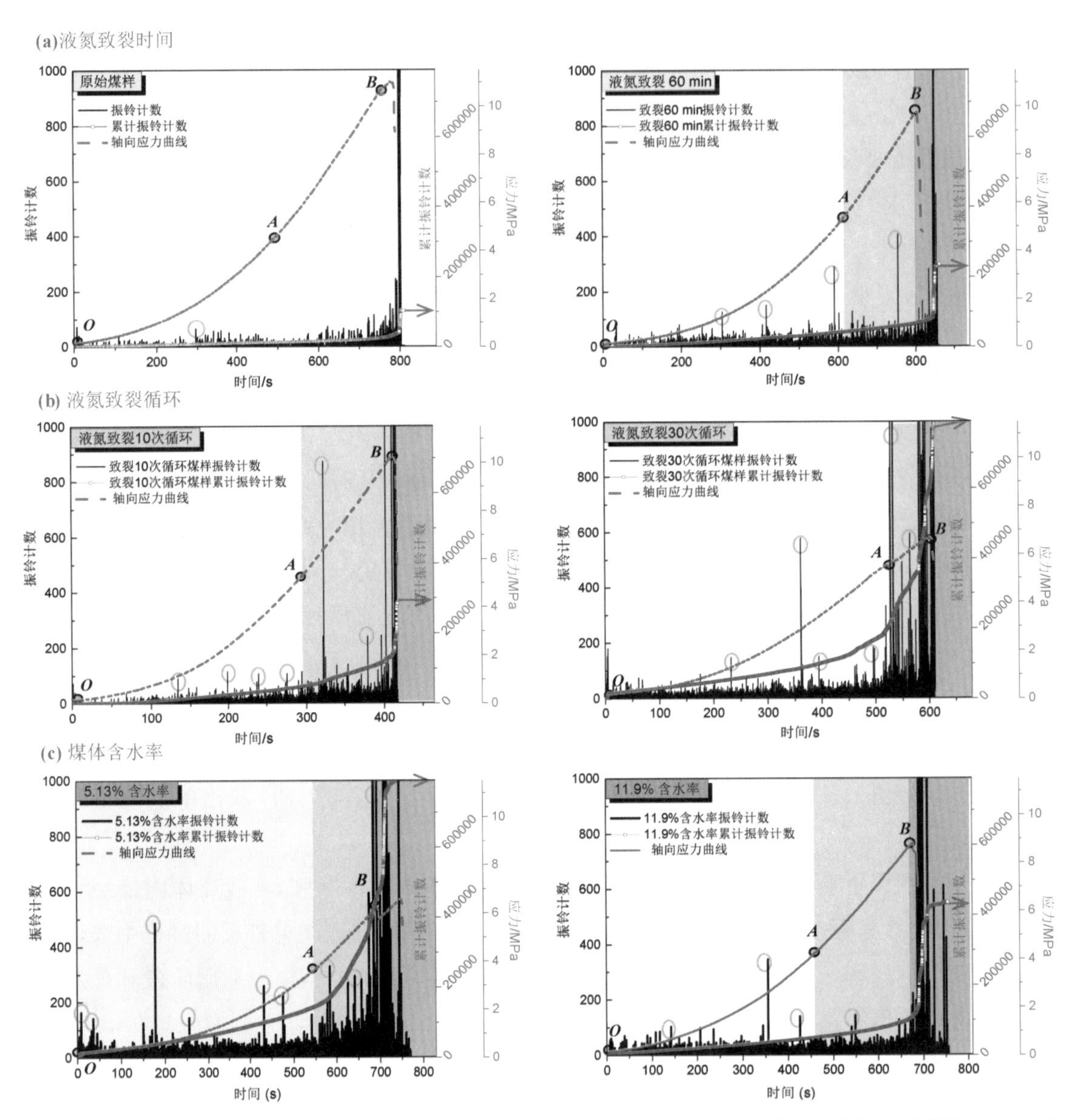

图4-4 致裂煤体的声发射特征和单轴压缩强度曲线，(a)液氮致裂时间，(b)液氮致裂循环，(c)煤体的含水率

根据图4-4(a)和图4-4(b)中声发射和单轴压缩曲线，随着液氮致裂时间或致裂循环的增加，致裂煤体的裂隙压实阶段增加、弹性阶段缩短、抗压强度降低，煤样的声发射急增点(图中绿色线圈标注)和总振铃计数均增加。相反的，随着煤体含水率的增加，致裂煤体的裂隙压实阶段缩短、弹性阶段增加、含水抗压强度增加，煤样的声发射急增点(图中绿色线圈标

注)和总振铃计数均减少,如图 4-4(c)所示。这表明随着液氮致裂时间或致裂循环的增加,煤体中的致裂损伤逐渐加大,且致裂循环处理煤体的声发射信号强于单次液氮致裂。致裂煤体含水率的增加会加大煤的力学强度,因为水分对裂隙具有支撑作用,但是煤体含水率的增加会增强煤体中的冻胀效果,产生更充分的致裂损伤。一般煤体的饱和含水率在 10%~15%,因此含水率对煤体的损伤受到煤体饱和含水率的限制。

4.2.2 裂隙闭合应变及煤体屈服应变分析

根据图 4-2 所示,应力-应变曲线中的裂隙闭合点 A 和煤样屈服点 B 的横坐标分别对应着煤体在单轴压缩过程中裂隙闭合轴向应变和试样屈服时轴向应变,其中,屈服应变与裂隙闭合应变之间为煤体在压缩过程中弹性变形应变。根据试验结果,列出煤样在压缩过程中冻融裂隙闭合时应变及屈服应变随着不同液氮致裂时间和不同致裂循环的变化趋势如图 4-5 所示。

通过对比分析,裂隙闭合应变随着液氮致裂时间和致裂循环而增加,煤样屈服应变反之。由此可知,随着液氮致裂时间和致裂循环的增加,煤体中产生的冻融裂隙逐渐增多,从而导致裂隙闭合应变的增大,裂隙的产生与贯通降低了煤体力学强度,进而导致煤体在压缩过程中弹性阶段缩小并加速了煤样的屈服破裂。此外,从图 4-5 中可以看出,液氮致裂 60 min 后和致裂循环 30 次后,煤体的裂纹闭合应变分别增加了 76.1%和96.9%,屈服应变分别减少了 8.4%和 15.7%。因此,循环致裂作用对煤体的损伤更大。

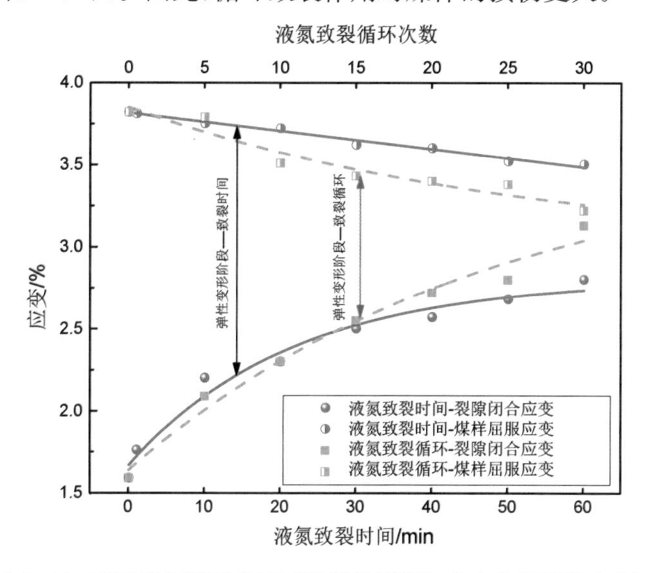

图 4-5 不同液氮致裂参量下煤样的裂隙闭合应变及屈服应变图

致裂循环相比单次致裂会对煤体裂隙产生“压缩—膨胀—压缩”多次的交变应力作用,经过循环的疲劳加载对煤体形成更大的损伤,可有效降低裂隙尖端起裂压力,有利于形成瓦斯运移的交叉裂隙网络。

4.2.3 不同致裂条件对煤体力学性能的改造作用

4.2.3.1 致裂煤样的单轴应力-应变测试

煤样的单轴压缩是指煤体在单轴压缩条件下的强度、形变和破坏特征。通过测试不同致裂时间、不同致裂循环和不同煤体含水率条件下致裂煤体的单轴压缩特征，可以获取不同致裂变量对煤体变形和破坏类型的影响。煤体割理中的水分遇液氮后结冰膨胀，煤样在液氮的超低温损伤和循环的冻胀作用下，煤体中会形成很多张开型的致裂裂隙。在单轴压缩过程中煤样的致裂裂隙会重新压缩闭合，随后产生新的压缩裂隙直至煤样损坏。不同致裂变量处理的煤样具有不同的致裂损伤。通过单轴压缩实验和声发射测试，可以获取不同致裂变量对煤体的损伤程度和致裂裂隙的发育程度[208]。因此，得出影响致裂损伤的主控因素和各控制因素对煤体力学性质的影响趋势，如图 4-6 所示。

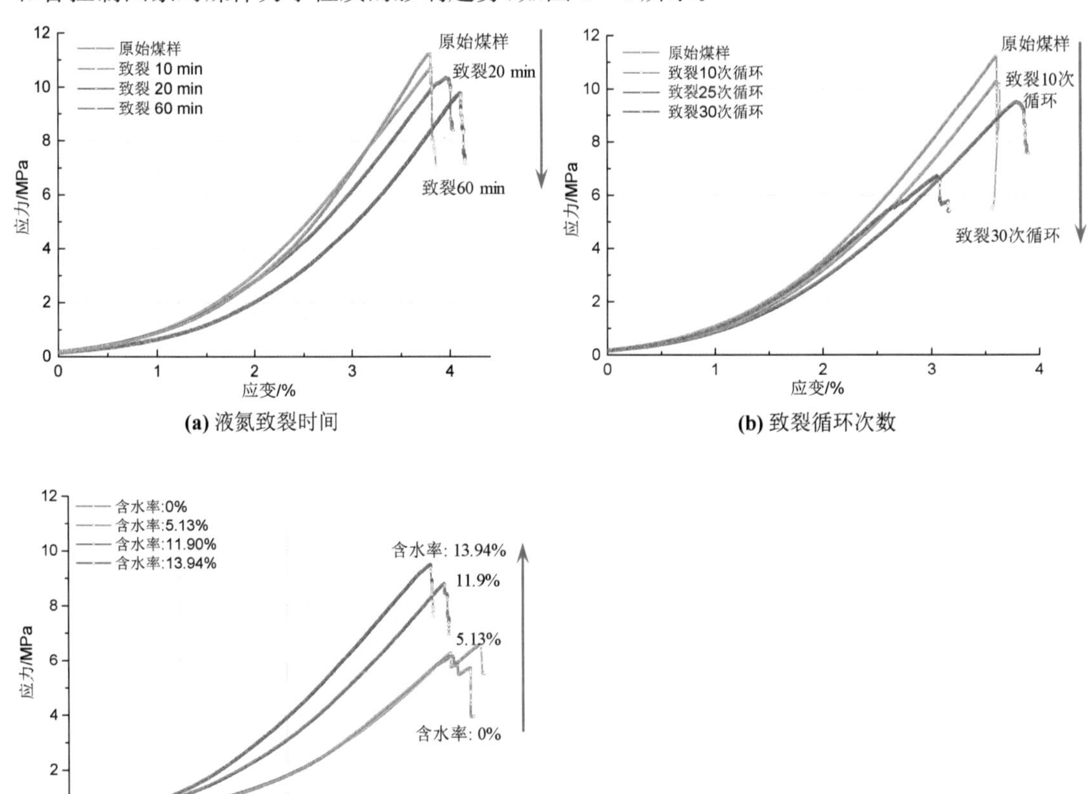

(a) 液氮致裂时间

(b) 致裂循环次数

(c) 煤体含水率

图 4-6 不同致裂变量对煤体的单轴压缩特征的影响

图 4－6 列出了不同致裂变量处理煤样的单轴应力-应变特征曲线。原始煤样的单轴抗压强度为 11.2 MPa，经过液氮致裂 20 min 和 60 min 后，抗压强度分别为 10.3 MPa 和 9.7 Mpa，分别下降了 8％和 13.4％，如图 4－6(a)所示；经过液氮致裂循环 10 次和 30 次后，抗压强度分别为 10.28 MPa 和 6.7 MPa，分别下降了 8.2％和 40.2％，如图 4－6(b)所示；含水率为 13.94％、11.9％和 0％的煤样，经过液氮单次致裂 90 min 后，抗压强度分别为 9.4 MPa、8.8 MPa和 6.1 MPa，分别下降了 16.1％、21.4％和 45.5％，如图 4－6(c)所示。因此，煤体单轴抗压强度与液氮致裂时间和液氮致裂循环负相关，与煤体含水率正相关。

4.2.3.2　单轴压缩过程中致裂煤体的应变测试

通过测试致裂煤体在单轴压缩过程中的轴向应变和环向应变，分别把轴向应变与致裂变量的关系绘制在图 4－7(a)、图 4－7(c)和图 4－7(e)中，把环向应变与致裂变量的关系绘制在图 4－7(b)、图 4－7(d)和图 4－7(f)中。

其中，在单轴压缩过程中，致裂煤体的轴向应变为负值，环向应变为正值。煤样在单轴加载 200 s时，原始煤样、液氮致裂 20 min 和 60 min 的煤样、致裂循环 10 次和 30 次的煤样、煤体含水率 0％和 13.94％(液氮致裂 90 min)的煤样的轴向应变分别为－1.2％，－0.5％和－0.19％，－0.45％和－0.23％，－0.52％和－0.2％；环向应变分别为 0.15％，0.06％和 0.002％，0.03％和 0.002％，0.14％和－0.01％。也就是说，轴向应变曲线和环向应变曲线的绝对值随着液氮致裂时间、致裂循环和煤体含水率的增加而减小，如图 4－7 所示。也就是，随着液氮致裂时间、致裂循环和煤体含水率的增加，致裂煤体失效时的轴向和环向应变都变小。这是由于随着致裂时间、致裂循环和煤体含水率的增加，割理中的水分的冻胀作用越强烈，煤体的抗形变能力变小。其中致裂循环对煤体的抗应变损伤最为明显。

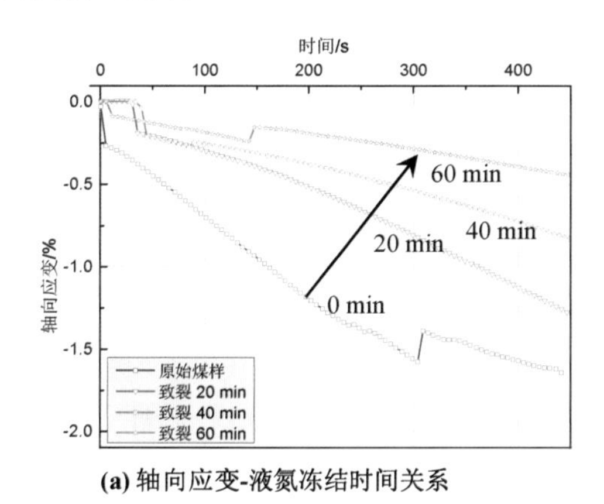

(a) 轴向应变-液氮冻结时间关系

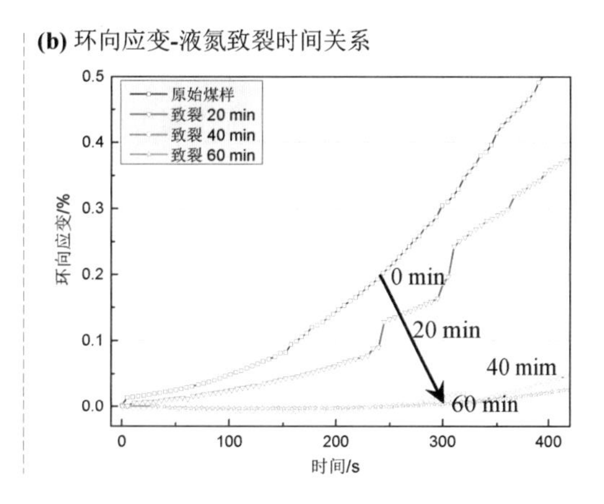

(b) 环向应变-液氮致裂时间关系

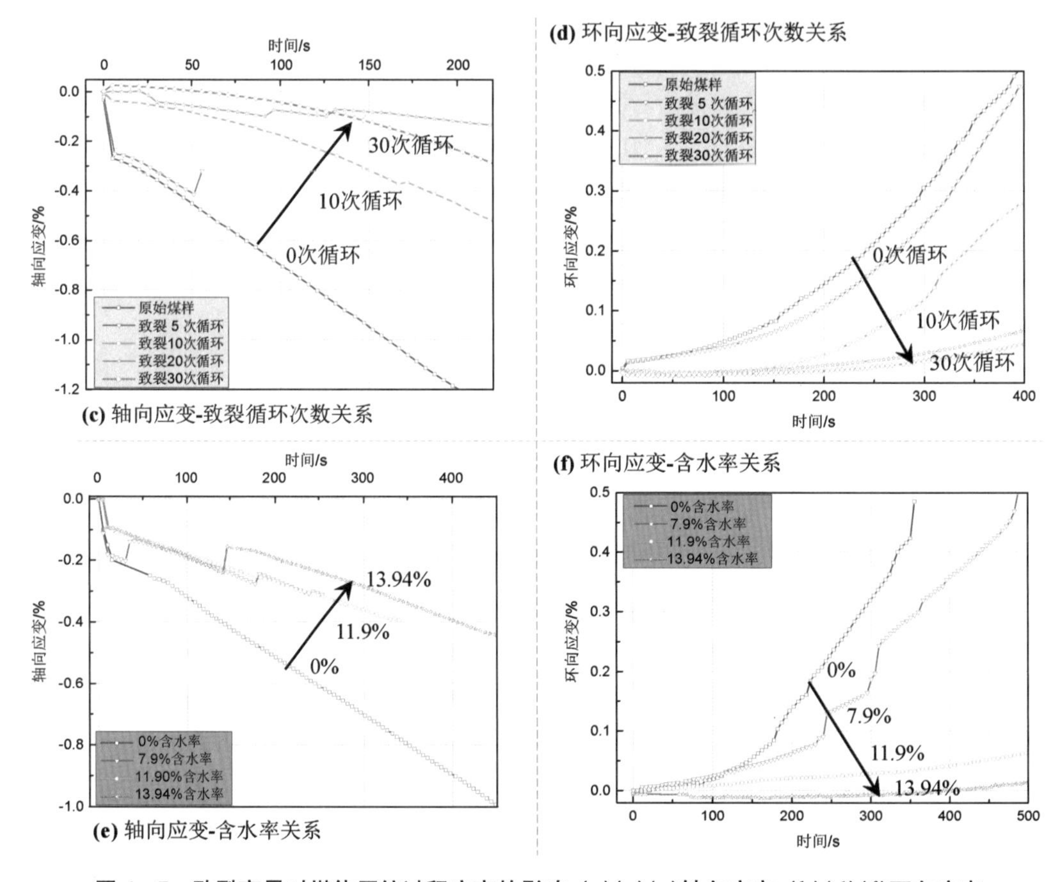

图 4-7　致裂变量对煤体压缩过程应变的影响，(a)(c)(e)轴向应变，(b)(d)(f)环向应变

4.2.3.3　致裂煤体的力学性能改变

液氮致裂处理会改变煤体的抗压强度、弹性模量和泊松比等力学参数。单轴抗压强度是在单向受压条件下试件破坏时的极限应力值。单轴抗压强度越小，加载下的煤体越容易破坏变形。致裂煤体的单轴抗压强度与致裂变量(液氮致裂时间、致裂循环次数和煤体含水率)的关系如图 4-8 所示。

相比原始煤样，液氮单次致裂 60 min 和致裂循环 30 次的煤样抗压强度分别减少 13.4%和 40.2%，其中致裂循环相比单次长时间致裂能形成更大程度的致裂损伤。相比原始煤样，单次致裂 90 min 后，含水率 0%和 13.94%煤体的抗压强度分别减少 45.5%和15.2%。因此，致裂煤体单轴抗压强度与液氮致裂时间和致裂循环负相关，与煤体含水率正相关。3 个致裂变量对煤体单轴抗压强度的改造规律见表 4-3 中的公式。

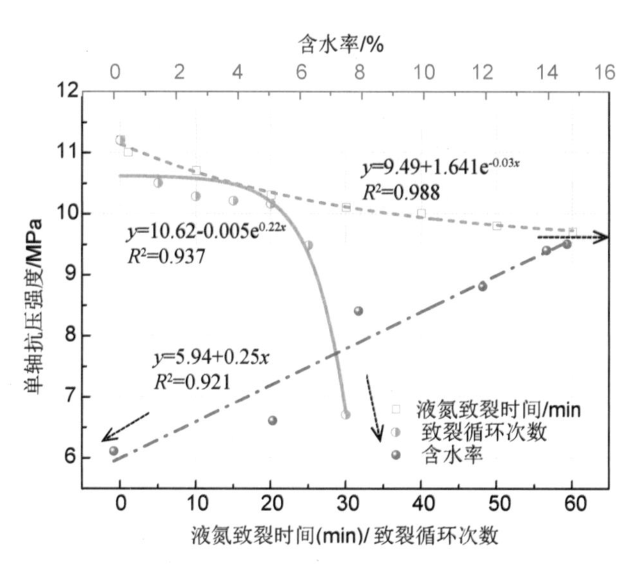

图 4－8　不同致裂变量对煤体的单轴抗压强度影响

表 4－3　致裂煤体的力学参数与致裂变量的拟合关系式

力学参数	致裂变量	拟合公式	拟合模型	相关系数
单轴抗压强度/MPa	T	$y=9.49+1.641e^{-0.03T}$	指数	0.988
	C	$y=10.62-0.005e^{0.22C}$	指数	0.937
	w	$y=5.94+0.25w$	线性	0.921
泊松比	T	$y=0.28-0.039e^{-0.011T}$	指数	0.953
	C	$y=0.24+0.035e^{0.04C}$	指数	0.977
	w	$y=0.355-0.005w$	线性	0.964
弹性模量/GPa	T	$y=0.45+0.056e^{-0.03T}$	指数	0.903
	C	$y=0.516-0.009e^{0.1C}$	指数	0.954
	w	$y=0.31+0.012w$	线性	0.867

注：T、C 和 w 分别代表液氮致裂时间、液氮致裂循环次数和煤体含水率。

泊松比是反映物体横向变形的弹性常数。具体为，物体单向受载时，横向与轴向正应变比值的绝对值。泊松比越大，材料越容易产生膨胀变形。

致裂煤体的泊松比与液氮致裂时间和致裂循环正相关，与煤体含水率负相关。相比原始煤样，液氮单次致裂 60 min 和致裂循环 30 次煤样的泊松比分别增加 7.14%和 28.6%。单次致裂 90 min 后，含水率 0%和 13.94%煤体的泊松比分别增加 25%和 1.8%，如图 4-9 所示。

液氮致裂时间对泊松比影响较小，而致裂循环对泊松比的损伤较大且一直加深。煤体含水率对泊松比改造较大，但改造幅度的大小受煤体饱和含水率的限制。3 个致裂变量对煤体泊松比的改造规律见表 4-3 中的公式。

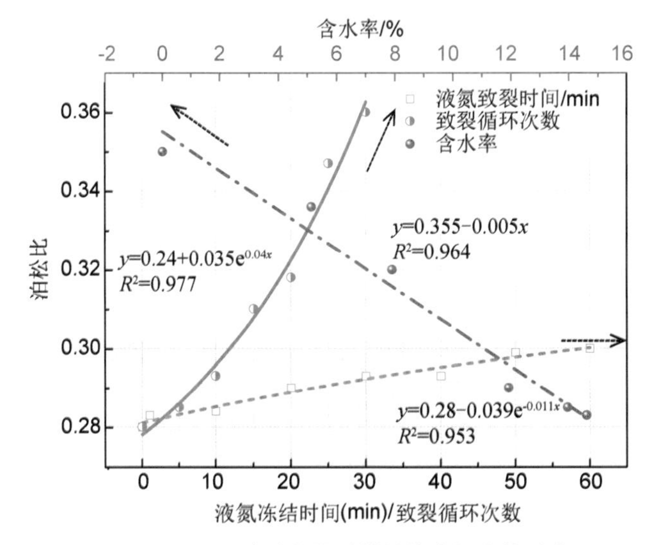

图 4-9 不同致裂变量对煤样的泊松比的影响

弹性模量反映物体抗弹性变形的能力，其值越大物体越难发生变形。致裂煤体的弹性模量与液氮致裂时间和致裂循环负相关，与煤体含水率正相关。

相比原始煤样，液氮单次致裂 60 min 和致裂循环 30 次的煤样弹性模量分别减少 10.6%和 31.4%。单次致裂 90 min 后，含水率 0%和 13.94%煤体的弹性模量分别减少 45.5%和 15.2%，如图 4-10(a)所示。3 个致裂变量对煤体弹性模量的改造规律见表 4-3 中的公式。

致裂煤体的弹性模量和抗压强度下降率，随着液氮致裂时间的增加逐渐减缓，但随着致裂循环次数的增加加速下降。由此可知，当液氮致裂时间达到一定程度后，致裂时间对煤体造成的损伤越来越小，但是循环致裂作用则会对煤体造成持续损伤，在循环次数达到 20 次左右时，煤体的力学强度会加速下降，直到煤体强度变得很小。

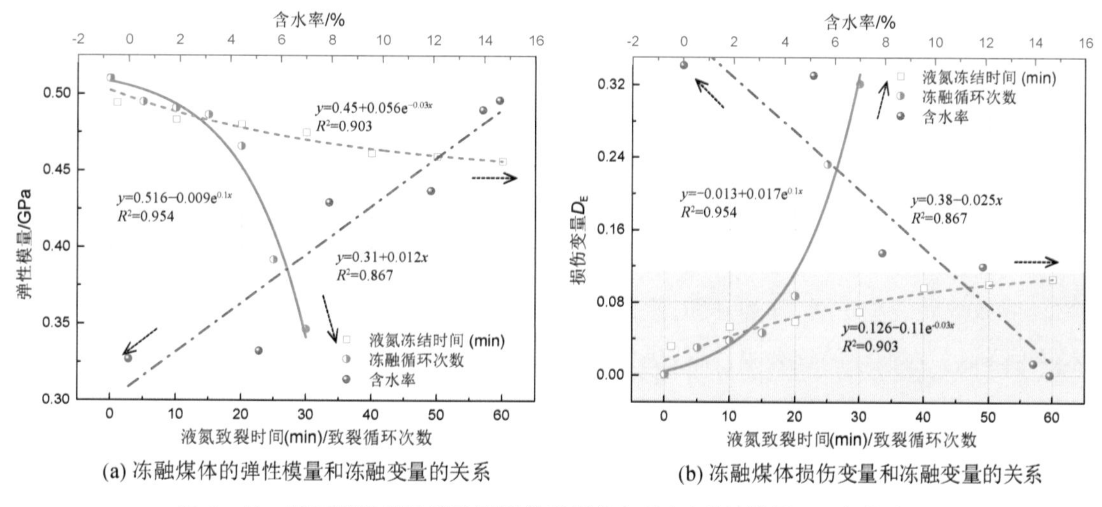

(a) 冻融煤体的弹性模量和冻融变量的关系 (b) 冻融煤体损伤变量和冻融变量的关系

图 4-10 基于弹性模量的致裂煤体的损伤规律(a)弹性模量;(b)损伤变量

煤样经过液氮致裂作用后，由于割理中水的冻胀作用和矿物颗粒遇冷后的不均匀收缩，内部会形成大量张拉型和剪切型裂隙，不同的致裂变量造成不同的致裂损伤。根据损伤力学理论，基于弹性模量可定义致裂损伤变量 D_E[219]：

$$D_E=1-\frac{E_n}{E_0} \tag{4-1}$$

式中，E_0 和 E_n 分别表示初始煤样和致裂煤样的弹性模量。

图 4-10(b)列出了不同致裂变量(液氮致裂时间、致裂循环和煤体含水率)与致裂损伤变量 D_E 的拟合曲线。致裂损伤变量与液氮致裂时间 T 和致裂循环 C 符合指数函数关系，与煤体含水率 w 具有线性关系：

$$D_T=0.126-0.11e^{-0.03T} \quad (R^2=0.903) \tag{4-2}$$

$$D_C=-0.013+0.017e^{0.1C} \quad (R^2=0.954) \tag{4-3}$$

$$D_w=0.38-0.025w \quad (R^2=0.867) \tag{4-4}$$

从图 4-10(b)可看出，致裂损伤变量 D_E 随着液氮致裂时间的延长增加到 0.12 左右基本不再增加，但随着致裂循环次数的增加损伤变量 D_E 则持续增大，且在 20 次致裂循环后损伤加速。致裂损伤变量 D_E 与煤体含水率负相关，表明含水率越低对煤体弹性阶段损伤越大，这与声发射的结果具有一致性。由于煤体饱和含水率在 10%～15%，所以含水率对煤体致裂损伤的影响受到饱和含水率的限制。

煤体的力学强度主要取决于构成岩石的矿物和颗粒之间的联结力和微裂隙的影响。煤体裂隙越发育，其受力后变形越明显。由测试结果可以得出，经液氮致裂后，煤体的弹性模量、抗压强度等力学参数均降低，其中致裂循环处理后的煤样损伤程度和力学参数下降率均比单次致裂更大。

从力学角度分析，煤体的强度大小取决于内部矿物颗粒的凝聚力和颗粒间的内摩擦力。一方面，当煤体孔隙、原始裂隙中含水时，经液氮致裂后变成固态冰，产生9%的体积膨胀；另一方面，由于室温下的煤体接触超低温液氮后，瞬间产生超过200 ℃的温度差，煤体基质受冷后体积减小。煤体内部产生两种不同方向的体积变化，在较强的拉应力下促使煤体内部产生裂隙，导致煤体凝聚力降低，在煤体发生破坏位移时，矿物颗粒之间的内摩擦力也随之降低，导致原始裂隙扩展、延伸，同时生成新的裂隙，对煤样造成不可逆的裂隙损伤，引起煤体强度降低。在循环的致裂损伤下，煤体内部裂隙的数量增加并导致孔隙结构之间的连通性增强，进而导致煤体渗透率增加，从而为煤层气抽采提供了良好的条件。

4.2.4 液氮致裂煤体的裂隙扩展及失效过程

液氮注入煤体过程中的液气相变、水冰相变会产生膨胀致裂、冻胀致裂和低温致裂三重效果。

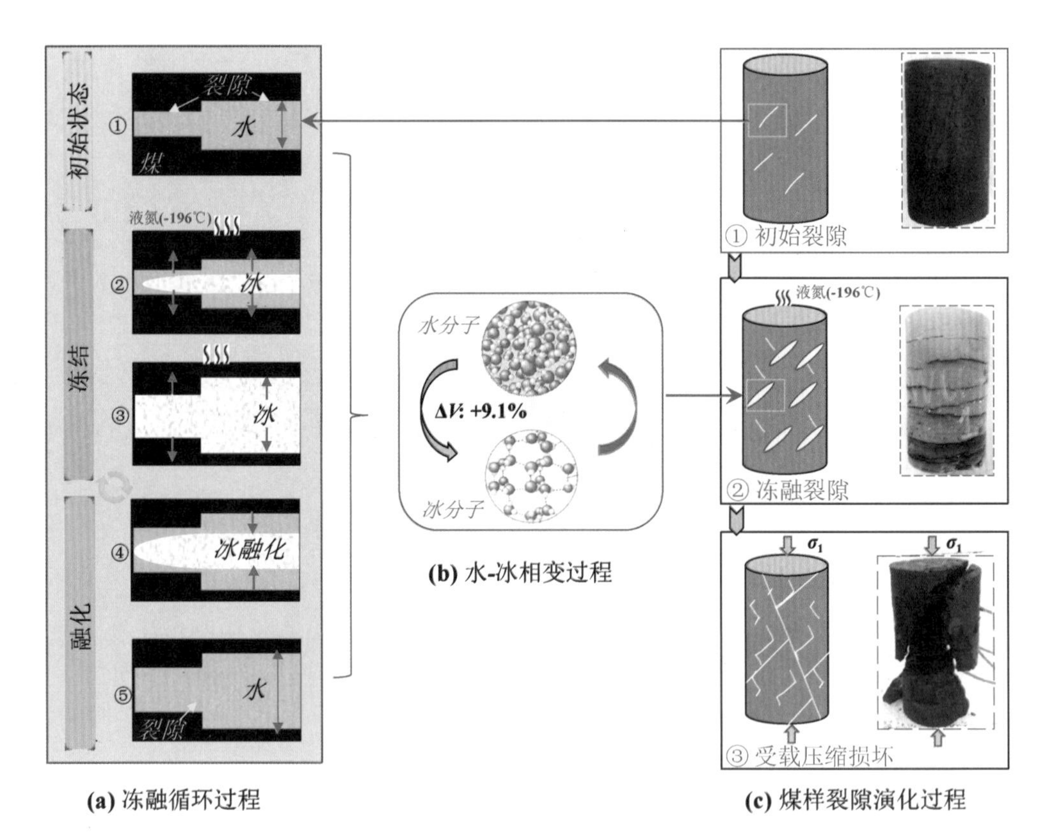

(a) 冻融循环过程　(b) 水-冰相变过程　(c) 煤样裂隙演化过程

图 4-11　致裂煤体中裂隙的扩展及单轴条件下的裂隙失效模式

原始煤体中含有少量初始裂隙，当液氮注入后，裂隙中水分结冰并膨胀[图 4－11(b)]，液氮同时汽化为原体积 296 倍的氮气，冰和高压氮气会在裂隙尖端形成张力[图 4－11(a)]，同时液氮的低温损伤导致煤基质的不均匀收缩，从而产生拉剪应力。通过循环的致裂处理，周期交变的应力加载会导致大量冻融裂隙的形成[图 4－11(a)和 4－11(c)]。冻融裂隙的出现和贯通，会大大降低煤体的力学性能，在很小的外力作用下，煤体就会失效变形，形成复杂的煤层气渗流网络，如图 4－11(c)中的③。

4.2.5 液氮致裂对煤体孔隙度、纵波波速和渗透率的影响

4.2.5.1 致裂煤体孔隙度和纵波波速关系

超声波检测是煤体损伤测试的重要方法，对煤体来说，波速主要受内部裂隙分布的影响[101,220]。声波在固、液、气体中传播速度逐渐变小。当声波在试样中变慢时，则说明试样中产生了裂隙[124,221]。因此，超声波纵波波速可以表征煤体中裂隙的发育情况。

经过液氮致裂后，煤样中的原生裂隙产生扩展，内部和表面还会产生次生微裂隙，Wyllie 等提出的计算多孔介质速度的时间平均模型可以描述声波传播速度 v_p 与孔隙度 φ 之间的关系[222,223]：

$$\frac{1}{v_p}=\frac{(1-\varphi)}{v_m}+\frac{\varphi}{v_f} \tag{4-5}$$

式中，v_p 表示煤体等效体的波速，v_m 是煤体固体骨架部分的波速，v_f 是孔隙流体波速。导出的计算孔隙度的公式为：

$$\varphi=\frac{(v_m-v_p)v_f}{(v_m-v_f)v_p} \tag{4-6}$$

式中：v_m 和 v_f 为定值，φ 与 v_p 为线性相关。因此，声波在试样中传播速度越小，煤体孔隙度越大。

为了更好地定量表示煤体孔隙度变化，采用孔隙度增量率 $\Delta\varphi\%$ 来定义煤体孔隙度在不同致裂条件下的变化率：

$$\Delta\varphi\%=\frac{\varphi_{\mathrm{post}}-\varphi_{\mathrm{pre}}}{\varphi_{\mathrm{pre}}} \tag{4-7}$$

式中，$\Delta\varphi\%$ 为煤体孔隙度增量率，φ_{post} 为液氮致裂后的煤体孔隙度，φ_{pre} 为原始煤体孔隙度。

图 4－12 给出了在不同液氮致裂时间和不同致裂循环处理后，煤样的超声波纵波波速和煤体孔隙度增量率的变化趋势。经对比分析可知，煤体孔隙度增量率伴随着液氮致裂时间和致裂循环次数的增加而增加，纵波波速则反之。经过液氮致裂 60 min 后和致裂循环 30 次后，煤体孔隙度增量率分别为 17.5％和 68.1％，纵波波速分别降低了 47.8％和 76.2％，对比可知致裂循环对煤体造成了更大的损伤。由此可得出，液氮致裂后的煤体内部产生大量裂隙，导致纵波波速的下降和

煤体孔隙度的增加，试验结果和公式(4-6)的结论具有一致性。

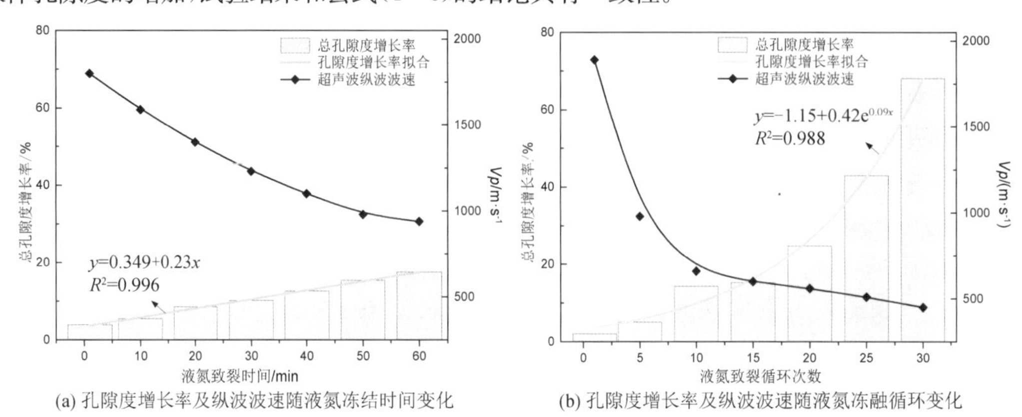

(a) 孔隙度增长率及纵波波速随液氮冻结时间变化 (b) 孔隙度增长率及纵波波速随液氮冻融循环变化

图 4-12 不同液氮致裂参量下的煤体孔隙度增量率及纵波波速变化趋势图

4.2.5.2 致裂煤体渗透率和纵波波速关系

渗透率表征了流体在多孔介质中的流动能力，是评估储层产量及抽采难易程度的重要依据。煤体渗透率又与裂隙的分布和连通性密切相关[171]。图 4-13 列出了经过不同致裂变量作用后，致裂煤样的超声波波速和渗透率的变化趋势。

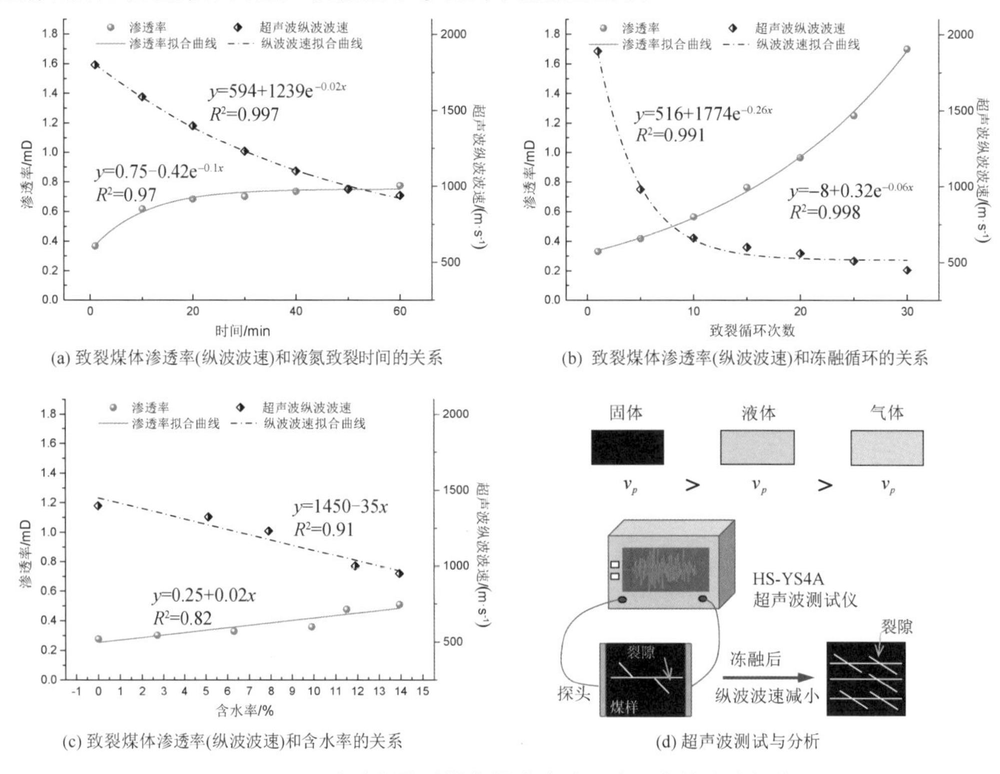

(a) 致裂煤体渗透率(纵波波速)和液氮致裂时间的关系 (b) 致裂煤体渗透率(纵波波速)和冻融循环的关系

(c) 致裂煤体渗透率(纵波波速)和含水率的关系 (d) 超声波测试与分析

图 4-13 致裂变量对煤体纵波波速和渗透率的改造规律

致裂煤体的纵波波速随着液氮致裂时间 T、致裂循环次数 C 和煤体含水率 w 的增加而减小，渗透率随着液氮致裂时间、致裂循环次数和煤体含水率的增加而增加，如图 4-13 所示。其中波速 v_p 随着 T、C 呈指数下降趋势，随 w 呈线性下降趋势，见公式(4-8)至公式(4-10)，且致裂循环影响的下降趋势大于单次致裂时间。

$$y=594+1\ 239e^{-0.02x} \quad (R^2=0.997) \tag{4-8}$$

$$y=516+1\ 774e^{-0.26x} \quad (R^2=0.991) \tag{4-9}$$

$$y=1\ 450-35x \quad (R^2=0.91) \tag{4-10}$$

渗透率 k 随着 T、C 呈指数上升趋势，随 w 呈线性上升趋势，见公式(4-11)至公式(4-13)。随着液氮致裂时间的继续增加，致裂煤体的渗透率基本维持在 0.8 mD 以下，相比液氮致裂时间，致裂循环次数对渗透率具有持续的改造作用，致裂循环 30 次后，煤体渗透率能达到 1.7 mD，较原始煤样增加了 580%。由于受到饱和含水率的限制，煤体含水率对致裂煤体渗透率的影响幅度不大。

$$y=0.75-0.42e^{-0.1x} \quad (R^2=0.97) \tag{4-11}$$

$$y=-8+0.32e^{0.06x} \quad (R^2=0.998) \tag{4-12}$$

$$y=0.25+0.02x \quad (R^2=0.82) \tag{4-13}$$

一般情况下，煤体渗透率与孔隙度正相关[224,225]。根据公式(4-6)，孔隙度和纵波波速负相关，所以渗透率与纵波波速也是负相关关系。这和图 4-13 中的实验结果具有一致性。致裂时间和煤体含水率在一定范围内会降低煤体强度，造成一定范围的致裂损伤，但致裂循环则会对煤体造成持续性损伤作用，因此，循环交替的液氮致裂过程在煤体内部会形成大量冻融裂隙，导致致裂煤体孔隙度增加，纵波波速减小，渗透率增加。

4.3 液氮致裂作用对煤体的损伤机制

4.3.1 液氮致裂过程中煤体温度及应变监测结果

煤体在液氮致裂过程中的单位体积改变量采用体积应变 ε_v 来量度，煤体的体积应变 ε_v 表示为公式(4-14)[226]：

$$\varepsilon_v=\varepsilon_a+2\varepsilon_r \tag{4-14}$$

式中：ε_v 为体积应变，ε_a 为轴向应变，ε_r 为环向应变。

在液氮致裂过程中，对煤样应变(%)、温度(K)和致裂试验箱内压力(kPa)测试数据如图 4-14 所示，其中液氮致裂时间为 60 min，其余为室温融化时间。根据体积应变的正负把煤体液氮致裂过程分为冻缩区间Ⅰ、冻胀区间Ⅱ、冻缩区间Ⅲ和冻胀区间Ⅳ。

各区间时间和温度参数见表 4-4，两次冻缩区间体积应变 ε_v 极值时间分别为液氮致裂时间段 4.83 min 处和融化时间段 80.28 min 处，对应温度分别为 253 K 和 247 K；冻胀区间体积应变 ε_v 极值时间为液氮致裂时间段内 18.35 min，对应温度为 198 K。可知，煤体在液氮致裂过程中表现出“冻缩一冻胀一冻缩”循环交变的应力作用，因此可利用多次液氮致裂循环来实现交变应力循环加载，当达到煤体临界应力时使煤体致裂。

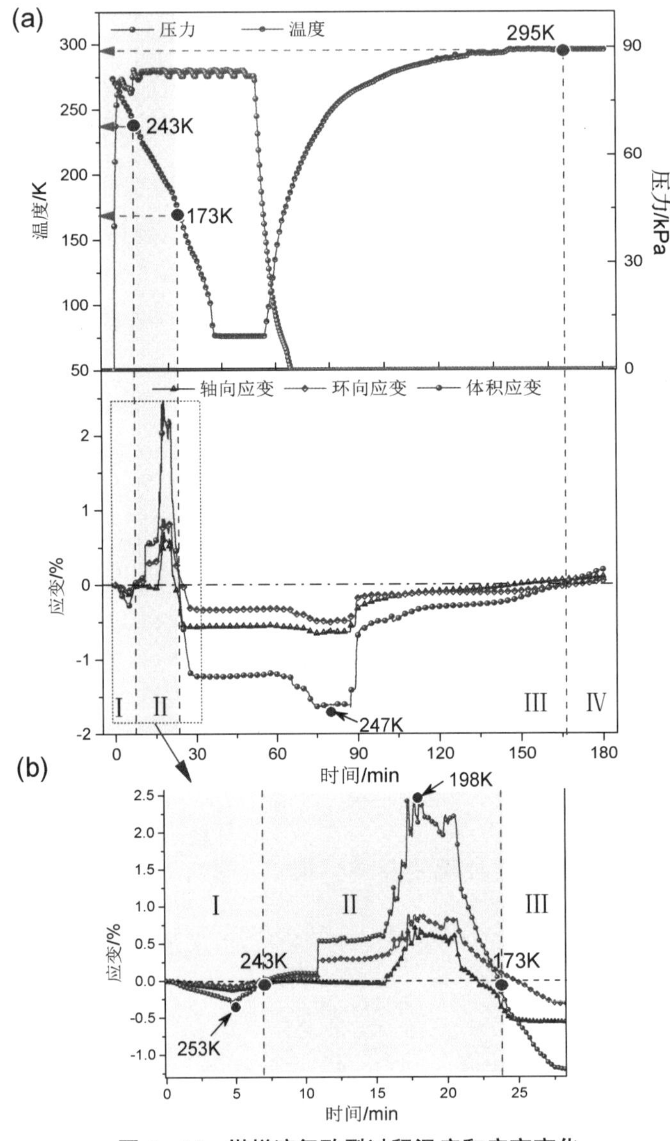

图 4-14 煤样液氮致裂过程温度和应变变化

彩图链接

表 4－4　煤体致裂过程时间和温度参数

区间	区间时间/min	ε_v 极值点时间/min	区间温度/K	ε_v 极值点温度/K
冻缩区间 Ⅰ	[0,7]	4.83	[274,243]	253
冻胀区间 Ⅱ	[7,24]	18.35	[243,173]	198
冻缩区间 Ⅲ	[24,170]	80.28	[173,76][76,295]	247
冻胀区间 Ⅳ	[170,—]	—	[295,—]	—

4.3.2　液氮致裂煤体的受力状态

Matsuoka 指出岩石冻胀碎裂速率主要由 3 个因素控制：温度、水分和岩石性质，通过对致密岩样进行致裂循环试验，发现低温损伤对岩石力学参数影响很大。通过实验研究发现，煤体在液氮致裂过程中表现出“冻缩－冻胀－冻缩”循环交变的体积变化[132,133]。W. R. B. Battle 指出饱和岩石裂隙在－1.5 ℃和－3 ℃下不引起损伤，岩样的损伤发生在温度为－5～－10 ℃，当致裂速率从裂隙顶端开始大于 0.1 ℃/min，可以认为是封闭的系统，此时水分来不及从裂隙排出，从而产生有效的冻胀破坏[227]。

为了简化原位煤体中裂隙受力模型，影响裂隙的扩展的因素可概括为以下四个：裂隙水冰相变的冻胀力 P_i、液氮汽化为氮气的膨胀力 P_n、液氮对煤体结构的低温冻结损伤 D_{LN2} 和地应力 σ，见图 4－15。

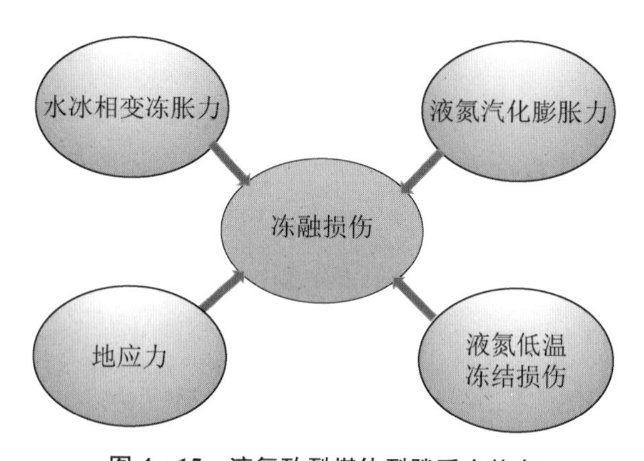

图 4－15　液氮致裂煤体裂隙受力状态

刘泉声等[228-230]通过体积膨胀耦合方程得到，岩石单裂隙中冻胀力与岩体和冰的力学参数以及裂隙几何参数的关系式(4－15)，根据理想气体状态方程可求出裂隙中相变过程的膨胀力的表达式(4－16)，把水冰相变冻胀力和液氮汽化相变膨胀力叠加可求得煤体在液氮致裂下单裂隙张力的表达式(4－17)：

$$P_i=\frac{k_i-1}{\frac{k_i}{K^T}+\left(\frac{a}{b}-\frac{1-\nu^T}{2}\right)\frac{1}{G^T(1+\nu^T)}} \tag{4-15}$$

$$P_n=nRT/V \tag{4-16}$$

$$P=P_i+P_n \tag{4-17}$$

式中，k_i为裂隙水体积膨胀系数，K^T为裂隙冰的体积模量，ν^T和G^T为温度T下煤的泊松比与剪切模量，a和b为椭圆的长轴和短轴，n为裂隙中汽化后氮气的物质的量，R为理想气体常数，V为裂隙的体积。

考虑裂隙面束缚作用，利用弹性力学相关理论，可得单裂隙张力P下的冰的体积应变，见公式(4-18)：

$$\varepsilon_v=-\frac{3(1-2\nu^T)P}{E^T}=-\frac{3(1-2\nu^T)(P_i+P_n)}{E^T} \tag{4-18}$$

式中，ν^T和E^T为温度T下冰的泊松比与弹性模量。

结合试验结果，液氮致裂中的煤层力学强度降低，将导致裂隙张力P的增加，进而增加了煤体中膨胀冰的体积应变。裂隙张力结合矿物颗粒的遇冷收缩拉应力，引起煤层中裂隙的发育和贯通。在原位煤层中，循环多次地注入液氮会对煤岩体产生汽化膨胀致裂、冻胀致裂和低温致裂三重效果，煤体经过多重应力破坏，初始煤体内部形成丰富的裂隙网络。

液氮致裂技术在增加煤储层透气性、提高煤层气抽采效率等方面具有很多优势，有望成为高效开发煤层气的无水化致裂技术之一。

4.4 本章小结

在液氮致裂法对煤体进行改造的过程中，不同致裂变量对煤体形成了不同的损伤规律和控制效果。主要获得以下结论：

(1) 煤体经过液氮致裂处理后，煤体中裂隙逐渐扩展延伸，裂隙长度和宽度随着致裂时间和致裂循环次数逐渐增大，导致受损面积增大，有效承载面积减小，有效应力增高，导致了煤样力学强度降低。

(2) 液氮致裂会对煤体力学参数和孔隙特征产生很大影响，液氮致裂60 min后和液氮致裂30次循环后，弹性模量分别减少了10.6%和31.4%，单轴抗压强度分别减少13.4%和40.2%，纵波波速分别降低了47.8%和76.2%，泊松比增加率分别为7.14%和28.6%，煤体孔隙度增量率分别为17.5%和68.1%。力学强度的降低导致了煤体在压缩过程中弹性阶段缩短并加速了煤样的屈服破裂。

(3) 致裂煤体应变绝对值(轴向和环向)随着液氮致裂时间、致裂循环次数和煤体含水率的增加而减小。煤体单轴抗压强度和弹性模量与液氮致裂时间和液氮致裂循环次数负相关，与煤体含水率正相关；煤体泊松比反之。煤体的单轴测试数据和声发射分析结果具有一致性。基于以上结果，得到了致裂变量对煤体力学参数的损伤公式。

(4) 致裂损伤变量 D_E 随着液氮致裂时间增加到 0.12 左右基本停止损伤，但随着致裂循环的增加损伤变量 D_E 则持续增大，且在致裂 20 次循环后有一个损伤加速的过程。致裂循环相比单次液氮致裂会对煤体造成更大程度的持续性损伤。超声波波速与煤体渗透率负相关，且致裂损伤变量 D_E 与煤体含水率负相关，表明含水率越低对煤体弹性阶段损伤越大，但含水率对煤体的致裂损伤受到饱和含水率的限制。

(5) 根据应变分析结果发现煤体在液氮致裂 60 min 过程中分为冻缩区间Ⅰ、冻胀区间Ⅱ、冻缩区间Ⅲ和冻胀区间Ⅳ，基于这一结论构建了煤体液氮循环致裂过程的单裂隙力学模型。液氮循环致裂方法在煤层增透方面具有很多优势，有望成为高效开发煤层气重要的无水化致裂技术手段之一。

5 三轴围压下液氮致裂煤体的传热传质规律

定量评价三轴围压下液氮注射对试样的损伤，对研究煤层气的渗流和运移具有重要意义。目前研究多集中于无围压状态下的单次液氮注射对煤岩体的改造，或者工业领域的技术尝试，并没有系统地深究其致裂机理。在前人研究的基础上，我们提出了煤储层的循环式液氮压裂技术，该技术利用循环冻融、汽化等多重效应来增加煤储层渗透率，提高煤层气产量[81,231]。由于水冰相变的膨胀性和重复致裂作用[83,232]，理论上使得液氮注射具有传统流体压裂不具备的致裂效率。

本章从研究原位煤层中的液氮致裂机理的角度，开展了真三轴围压条件下液氮注射的传热和致裂研究。采用温度、超声波、声发射定位等多种监测手段还原了液氮致裂试样的动态过程，对比了单次注射与循环式液氮注射对试样的损伤。本研究揭示了真三轴围压下液氮注射过程中的细观致裂机制及裂隙扩展的动态过程，拟为液氮致裂技术的工业应用提供理论基础。

5.1 实验系统的搭建和样品准备

5.1.1 实验系统

为了模拟原位地层状态下液氮致裂煤体和传热的动态过程，搭建了真三轴液氮致裂实验系统，如图 5－1 所示。实验系统包括三部分：200 mm×200 mm×200 mm 真三轴加载系统，液氮注射系统和动态参数监测系统。

(1) 真三轴加载系统用来模拟原位地层的压力环境，包括液压动力系统和应力控制系统。采用多通道液压系统来实现三个轴向应力独立加载。通过垫板对试样加压，垫板上设置有各种探测孔槽，用来放置声发射、温度等探头。三轴加载系统通过多通道液压伺服系统来精确控制三个轴向应力的独立加载，三向最大加载载荷均为 2 000 kN，模拟真实的地层应力条件。另外压力室周围设有恒温加热系统，用来模拟地层温度，设定环境恒温为 50 ℃。

(2) 液氮注射系统包括自增压液氮罐 YDZ-180 和往复式液氮泵 BPN-35。液氮罐容积为 180 L。液氮泵的最大流量是 60 L/h，最大工作压力为 20 MPa。

（3）动态参数监测系统包括压力传感器、声发射仪、红外热成像仪、应变仪和温度监测仪。压力传感器用来监测液氮注射管内的实时压力，声发射仪用来采集试样破裂过程中的 AE 能量和 AE 定位点等特征参数，应变仪用来实时监测试样的应变数据，温度监测仪用来监测液氮注射过程中试样内外的温度变化。

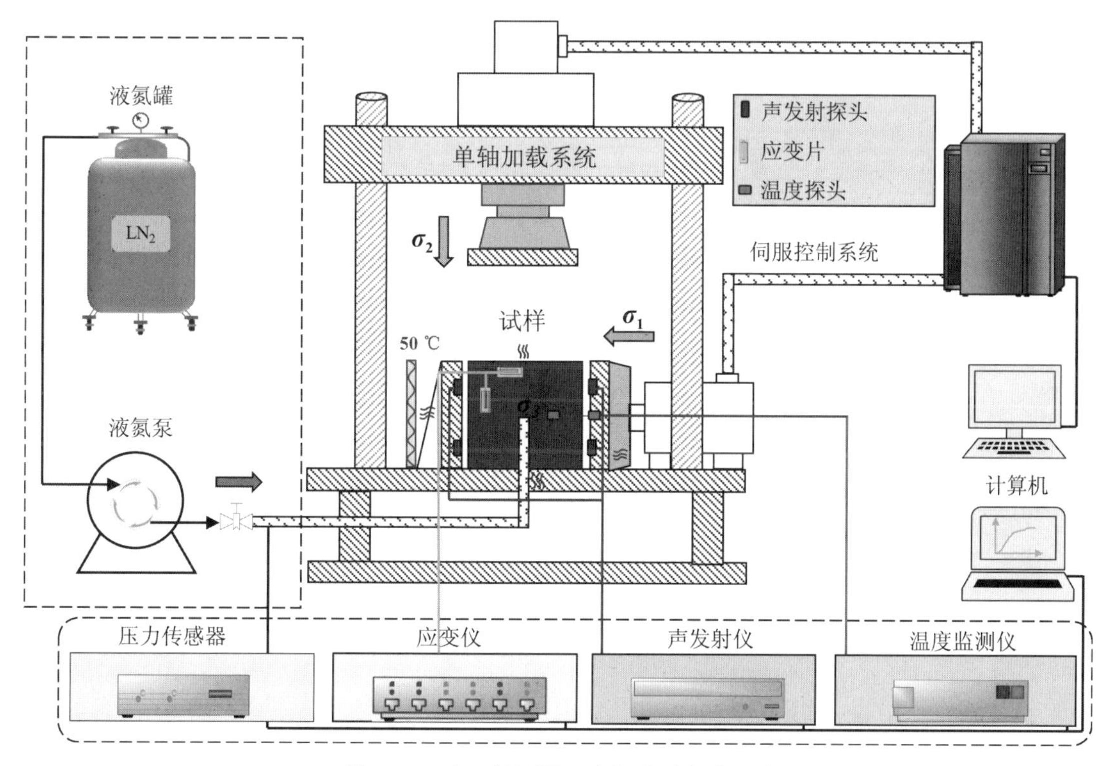

图 5－1　真三轴围压下液氮致裂实验系统

5.1.2　试样准备

实验所采用的试样尺寸为 200 mm×200 mm×200 mm，如图 5－2 所示。由于大尺寸构造煤块取样困难，在立方块切割过程中不易成形，且原生煤体中裂隙分布随机性较大，不利于研究液氮注射致裂的裂隙扩展机理和各变量的影响。为了更准确地研究液氮致裂煤体的机理，本研究采用煤粉、水泥等相似材料加工成的相似试样来模拟煤体的致裂过程。为了保证相似试样与煤体的力学性能相似，参考已有的相似材料研究[233-236]，通过对多种配比的试样进行力学性能测试，得出煤粉：石膏：水泥：黄沙＝4：1：3：2 的配比试样与原煤力学性能最接近，试样具体参数见表 5－1。在试样的浇筑过程中，把液氮注射管埋入试样中，其中液氮注射管的致裂段长 60 mm，如图 5－2(a)所示。温度监测孔的深度为 50 mm，液氮注射过程中分别在试样表面和温度监测孔底部放置温度传感器。在试样的 2 个侧面分别布置 4 个声发射探头，具体布置方式如图 5－2(a)所示。

为了研究原位煤层中液氮致裂煤体的裂隙扩展规律，根据已有研究中的围压参数和相似理论换算[235,237]，最终确定模拟原位地层压力环境的三向应力分别为 σ_1＝8.17 MPa，σ_2＝6.62 MPa，σ_3＝3.34 MPa，加载方式如图 5－2(a)所示。

表 5－1 试样物理力学参数

相似材料	密度 /(kg·m^{-3})	抗压强度 /MPa	弹性模量 /GPa	泊松比	抗拉强度 /MPa
试样	2 155	9.32	0.712 3	0.205	1.265

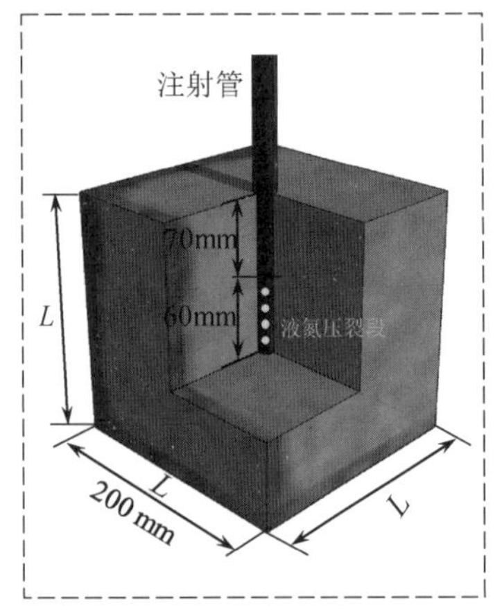

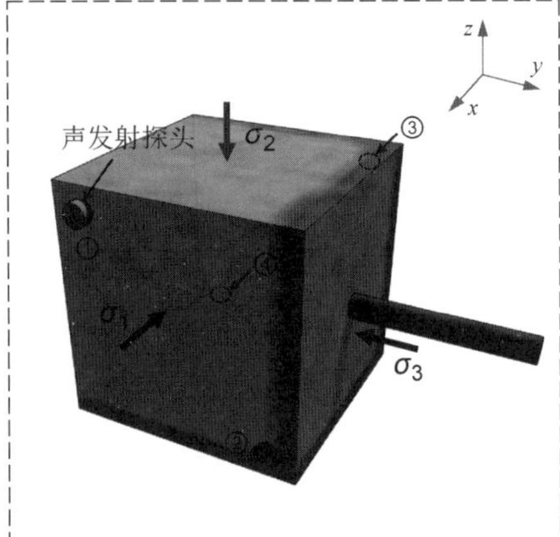

(a) 样品尺寸和加载模式　　**(b)** 试样准备

图 5－2 样品准备

5.1.3 实验方案

本研究主要研究单次液氮注射和循环液氮注射条件下，液氮在试样中的流动和传热特征。试样在进行液氮注射致裂前，先进行饱水处理，然后测试试样的初始纵波波速和进行红外热成像测试。布置好各种探头并连接监测设备；通过金属软管连接液氮泵和液氮注射管；然后通过应力加载系统来控制三轴应力分别达到额定压力(σ_1＝8.17 MPa，σ_2＝6.62 MPa，σ_3＝3.34 MPa)，并设定试样环境为恒温 50 ℃，模拟原位地层的应力和温度状态。打开液氮泵通过液氮注射管对试样进行注射致裂，注射过程保持液氮泵的转速为 140 r/min 不变。单次液氮注射过程持续 10 000 s 左右；循环式液氮注射 9 个循环，总时间为 10 000 s，每个循环注射液氮 500 s 左右，然后在 50 ℃时融化 500 s 左右。在液氮注射过程中，实时记录试样的温度、压力变化和声发射数据。液氮注射过程中通过卸载轴向应力并关闭恒温系统后，进行红外热成像测试。此外，在液氮注射过程中，实时记录试样的温度、压力变化和声发射事件，整体实验流程如图 5-3 所示。

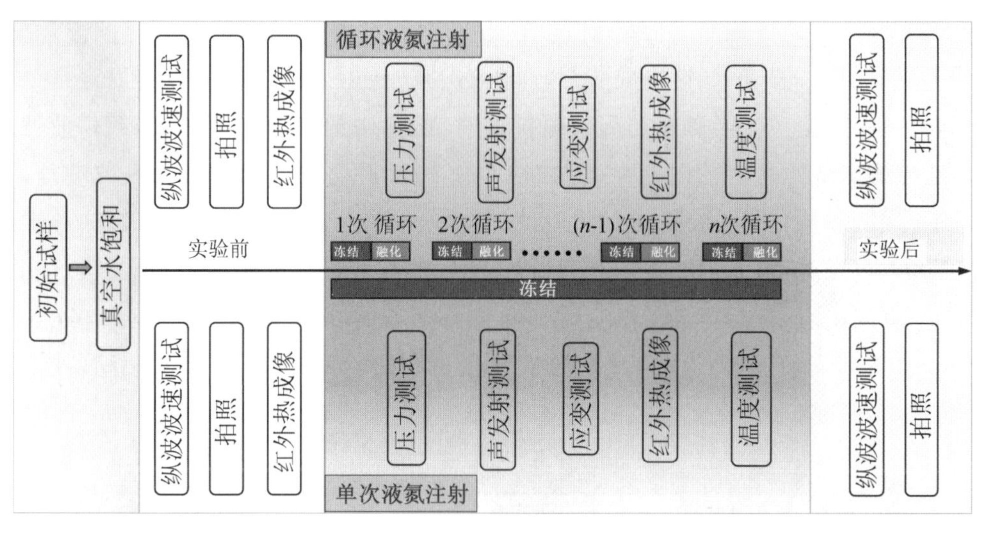

图 5-3　实验流程

5.2　三轴围压下液氮注射后煤体的致裂特征及温度变化

5.2.1　液氮注射后试样的致裂形态和超声波分析

5.2.1.1　致裂形态

图 5-4(a)、5-4(b)和 5-4(c)分别展示了试样注射前的初始状态、单次注射液氮 10 000 s 后和 9 次循环液氮注射后的形态。可知，单次液氮注射 10 000 s 后仅在注射管周

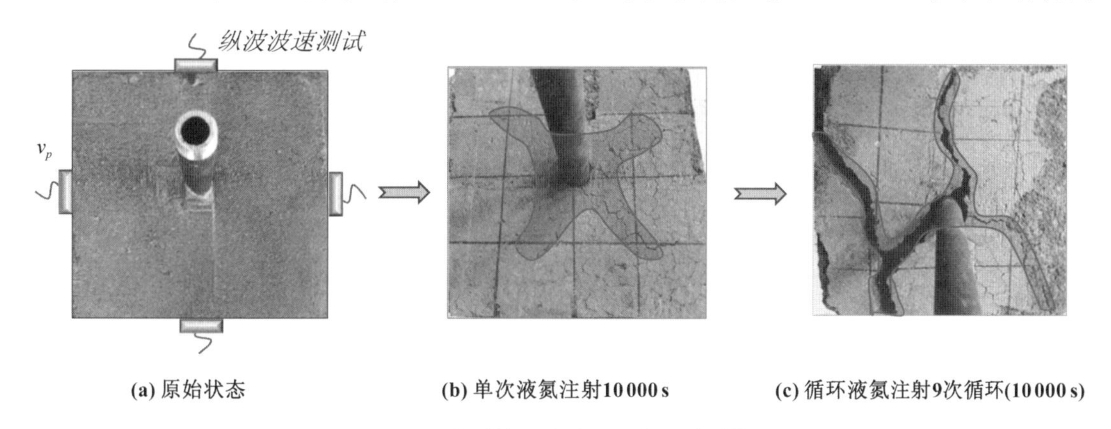

(a) 原始状态　　(b) 单次液氮注射10 000 s　　(c) 循环液氮注射9次循环(10 000 s)

图 5-4　致裂前后的裂纹形态和破裂模式

围形成了局部的裂隙和损伤，并没有形成塑性变形；但是 9 次循环注射后，在试样的整体形成了贯穿的裂隙，造成试样的塑性破坏。

为了定量考察试样内部裂隙的发育情况，采用超声波技术来分析试样的波速变化。由于超声波在固体、液体、气体中的传播速度依次减慢，因此超声波波速可以定量分析材料内部的结构变化[221]。当试样内部裂隙扩展时，试样中的气体空间变大，超声波波速就越小。通过测试试样两个轴向的纵波波速 v_p，取二者平均值作为试样的纵波波速，如图 5-5所示。图 5-5 列出了液氮注射前后试样的纵波波速变化，试样初始状态、单次液氮注射 10 000 s后和液氮注射 9 次循环后试样的纵波波速分别为 2 729 m/s、2 468 m/s 和 857 m/s。单次注射 10 000 s后和注射 9 次循环后试样的波速分别减小了 261 m/s 和 1 872 m/s。说明循环式液氮注射相比单次注射，试样内部出现了更多的裂隙，从而减慢了声波的传播速度。

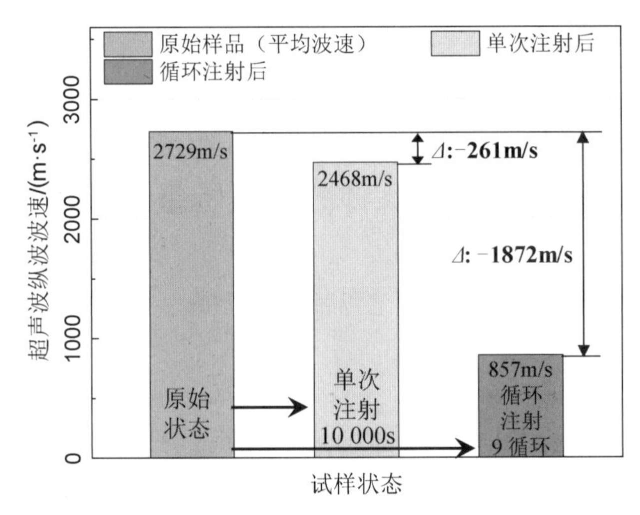

图 5-5　致裂前后的纵波波速变化

5.2.2　液氮致裂作用下煤体的温度扩散规律

单次液氮注射和循环式液氮注射的试样内外温度的变化趋如图 5-6 所示。

图中趋势线 L1 和 L3 分别代表单次注射和循环式注射过程中试样表面的温度变化，趋势线 L2 和 L4 分别代表单次注射和循环式注射过程中试样内部(距离试样表面 5 cm 处)的温度变化。

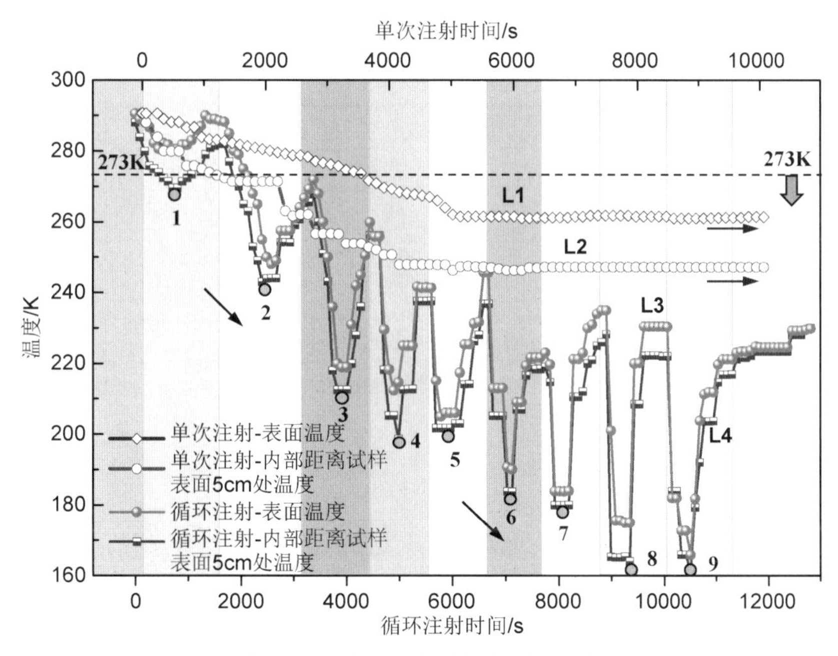

图 5-6 液氮注入过程中温度变化

由图 5-6 可知，单次注射 10 000 s 后试样表面和内部距离试样表面 5 cm 处的最低温度分别为 261 K和 247.1 K；循环式注射 1 循环、5 循环和 9 循环(10 000 s)后试样的表面最低温度分别为 280.6 K、205 K 和 165.8 K，内部距离试样表面 5 cm 处的最低温度分别为 269.6 K、201.6 K 和 161 K。单次注射过程中试样内外部温度下降到一定值后停止，且内外温度相差 13.9 K，可知试样内部没有形成贯通裂隙，主要是通过固体进行冷量的传递；但是循环式注射过程中试样内外部温度不断降低，且内部温度与试样表面温度非常接近，这说明循环式的液氮注射在试样中形成了有效的裂隙网络，液氮的冷量沿着裂隙能更快地传递，且最低温度随着循环次数的增加而不断降低。

根据图 5-6 中数据，把试样表面与内部(距离试样表面 5 cm 处)的最低温度和循环次数的关系绘制在图 5-7 中。

通过对数据进行多项式拟合，得出试样的最低温度 T_{lowest} 与液氮注射的循环次数 C 符合二次方函数，循环次数越多试样的最低温度越小。试样内部与表面的最低温度与循环次数的关系式分别符合公式(5-1)和公式(5-2)。图 5-7 中的直线 L1 和 L2 分别代表单次液氮注射 10 000 s 后试样表面和内部的最低温度。通过对比可知，经过 2 个循环的液氮注射后，试样的内外的最低温度已经低于单次注射的最低温度。

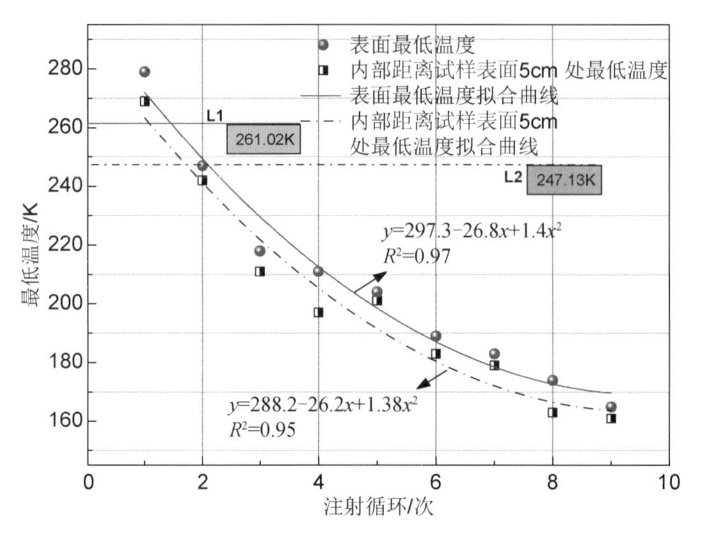

图 5-7　液氮循环注入过程中试样内外部温度梯度变化

$$T_{\text{Lowest}}=288.2-26.2C+1.38C^2 \quad (R^2=0.95) \tag{5-1}$$

$$T_{\text{Lowest}}=297.3-26.8C+1.4C^2 \quad (R^2=0.97) \tag{5-2}$$

5.3　三轴围压下液氮致裂煤体过程的声发射定位

5.3.1　液氮注入过程中的声发射能量特征

在液氮注射和应力加载条件下，试样内部会形成局部的应力集中，当局部应力超过材料强度时，则产生形变和损伤，材料中所储藏能量就会以弹性波的形式释放出来，这种弹性波就可以转换成声发射信号。试样形变越大，释放的弹性波越多，采集的声发射能量越大[213,216,217,238]。

图 5-8(a)和 5-8(b)分别记录了单次和循环式液氮注射过程中，试样中的声发射能量信号和事件数。

声发射能量信号随着单次液氮注入时间均匀产生，最大能量幅值均小于 5 000 mV · ms，直到 8 037 秒处出现了一个能量高峰，说明此时在注射管附近产生了局部的形变；随后能量高峰消失，表明试样内部结构趋于稳定。单次注射过程中声发射事件的定位点个数与注射时间呈线性正相关关系，见公式(5-3)。循环式液氮注射过程中，声发射能量幅值先与循环次数正相关。第 1 次循环时能量信号最大值为 1 649 mV · ms，2 次循环时能量信号最大值为 4 311 mV · ms，在第 3 次循环时，声发射能量信号就超过 5 000 mV · ms，到第 6 次循环时

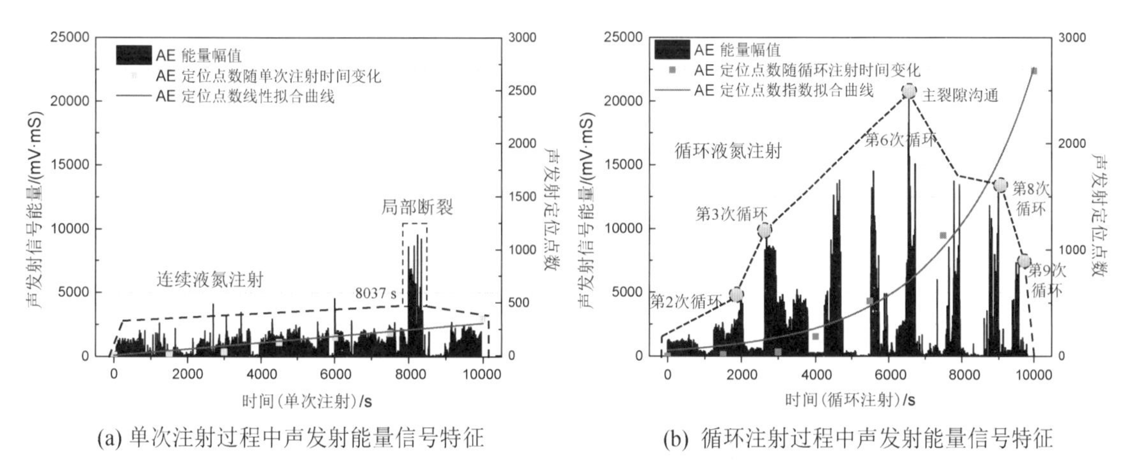

(a) 单次注射过程中声发射能量信号特征　　(b) 循环注射过程中声发射能量信号特征

图 5-8　液氮注入过程中声发射能量特征

达到最大的能量幅值 21 054 mV·ms,证明第 6 次循环时试样中产生了较大的形变。随后声发射能量幅值随着循环次数的增加而减小,第 8 次循环时能量信号幅值下降到 13 155 mV·ms,9 次循环时能量信号幅值下降到 7 274 mV·ms。循环式注射过程中声发射事件的定位点个数与注射时间呈指数正相关关系,见公式(5-4)。循环式注射的声发射事件定位点个数远远大于单次注射定位点个数,说明循环式注射能释放试样中更多的能量,对试样造成较大的损伤。

$$y=0.0304t \quad R^2=0.96 \tag{5-3}$$

$$y=54.8e^{0.0004t} \quad R^2=0.98 \tag{5-4}$$

由此可知,循环式液氮注射能不断地加深对试样的损伤,其中液氮冻结过程形成局部裂隙,在融化过程中水分会渗透到新裂隙的尖端,从而在下一个冻结过程中形成有效的冻胀力,这恰恰是单次液氮注射所达不到的。当在试样中形成大裂隙的贯通时(本实验的第 6 次循环),由于大裂隙不能保持水分,则不能形成有效的冻胀力,因此大裂隙贯通后,声发射能量信号幅值减小。

5.3.2 液氮注射过程中试样内部的声发射定位

对脆性材料而言,试样的破坏过程与其内部微裂隙演化过程是一致的。从声发射源产生的声波信号可以被声发射仪接收到,通过特定的算法便可定位到大量声发射源位置[234,239]。定位点的数量可以定量表征液氮注射过程中试样的裂纹数量和内部损伤,定位点的范围可以反演试样内部裂隙的扩展和演化过程[239,240]。通过对试样中声发射定位点的采集和分析,可推断出在液氮注射过程中的裂隙产生、扩展、贯通及破坏的过程,揭示液氮注射的致裂机制。

图 5-9 列出了在单次液氮注射过程中,声发射空间定位点随着注射时间的演化关系。

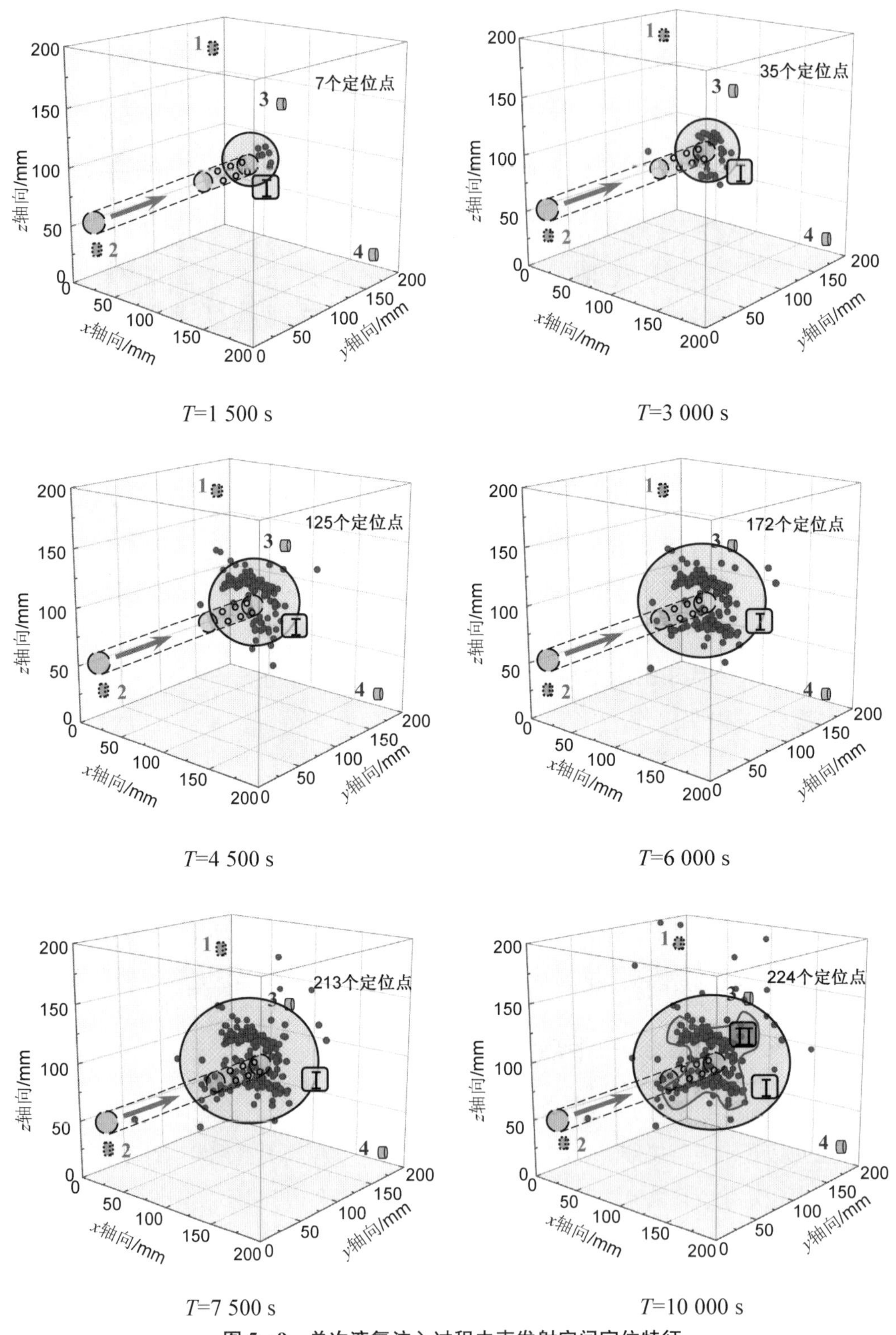

图 5-9 单次液氮注入过程中声发射空间定位特征

液氮由注射管前段进入试样，首先在压裂段的周围产生了少量声发射定位点，随着注射时间的增加定位点数量和范围也逐渐增加。注射 1 500 s、4 500 s、6 000 s 和 10 000 s 时分别出现了 7、125、172 和 224 个定位点。当液氮注射 10 000 s 时，仅在注射管周围形成了局部的塑性变形区域Ⅱ，和部分弹性变形区域Ⅰ，剩余的空间基本没有损伤，如图 5－9 所示。单次液氮注射过程中定位点主要分布在注射管附近的圆形区域，说明单次液氮注射过程中试样的损伤只出现在注射管附近，而不能持续扩散。

图 5－10 列出了在循环式液氮注射过程中，声发射空间定位点随着循环次数的演化关系。

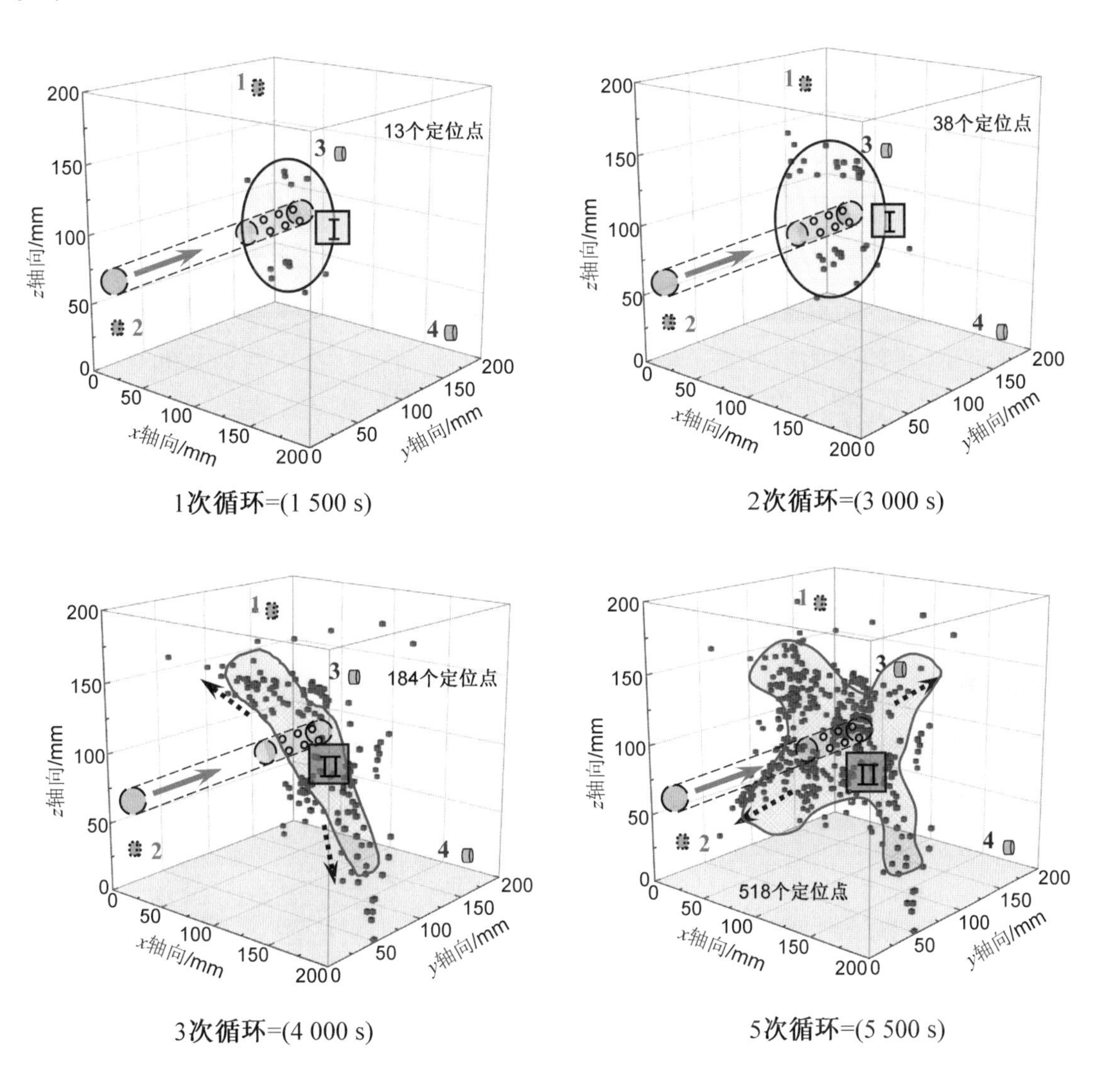

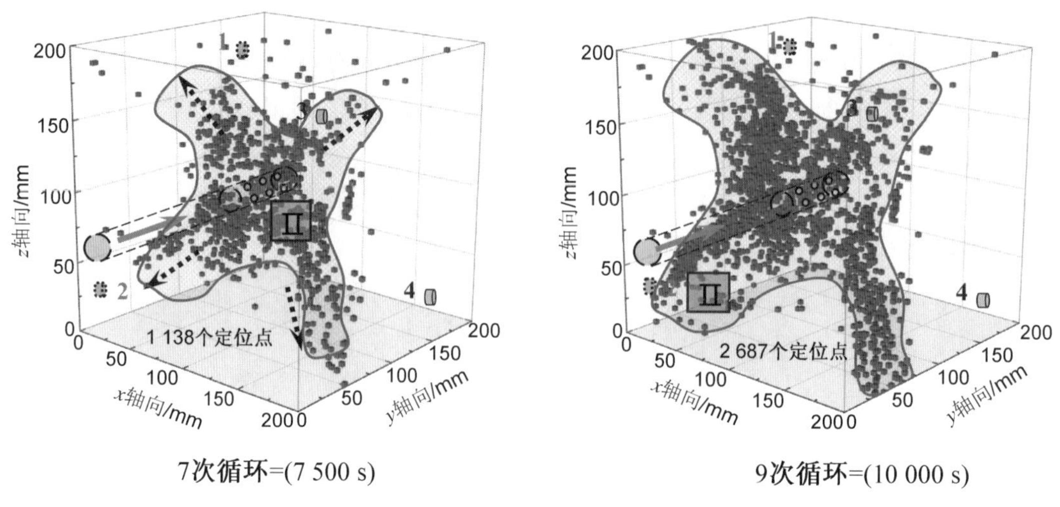

7次循环=(7 500 s)　　9次循环=(10 000 s)

图 5-10　液氮循环注入过程中声发射空间定位特征

根据图 5-10，经过一个循环的注射，试样内出现少量微裂隙，在融化过程中水分迁移到新裂隙尖端。因此，下一个冻结过程中试样的损伤会沿着新裂隙的扩展方向继续延伸（如图 5-10 中 3 次循环和 5 次循环所示），进而裂隙随着循环次数的增加越来越发育，直到主裂隙贯通形成有效的塑性变形（如图 5-10 中 9 次循环所示）。经过 1 次、3 次、5 次和 9 次液氮注射循环后，试样内分别出现了 13、184、518 和 2 687 个定位点。循环式液氮注射过程，试样的损伤会沿着几条主裂隙进行扩展，首先在注射管周围形成局部的弹性损伤区域Ⅰ，随着主裂隙的沟通则会在试样整体范围形成塑性变形区域Ⅱ，如图 5-10 所示（9 次循环）。注射 9 次循环后（10 000 s），试样发生屈服破坏。循环式液氮注射致裂相比单次液氮注射致裂会对试样产生"压缩—膨胀—压缩"多次的交变应力作用，循环多次的疲劳加载致使试样破坏。

图 5-11 展示了声发射定位数量随着液氮注射时间的变化趋势。通过对定位点个数进行拟合，单次液氮注射过程中定位点数量与液氮注射时间符合线性关系，见公式（5-5）；循环注射过程中定位点数量与循环次数符合指数关系，见公式（5-6）。在 3 次循环注射液氮后，循环注射定位点数的增长速度和数量均大于单次注射。

$$y=0.02x \quad (R^2=0.92) \tag{5-5}$$

$$y=54.8e^{0.0004x} \quad (R^2=0.99) \tag{5-6}$$

分别把单次和循环液氮注射过程中试样内部的空间定位点投影到 xz 平面上，得到定位点的二维分布图，如图 5-12 所示。单次注射 4 500 s 后，注射管周围出现弹性变形区域Ⅰ；注射 10 000 s 后在注射管周围形成局部的塑性变形区域Ⅱ，塑性变形区域基本和实物图中宏观裂隙的分布吻合，如图 5-12(a)所示。5 次循环注射后，注射管附近的弹性变形区域Ⅰ逐渐扩展为塑性变形区域Ⅱ，经过 9 次循环后，塑性变形区域Ⅱ贯穿试样的内部空间，造成试样的屈服破坏，定位点的塑性变形区域和实物图中试样的失效模式相互吻合，如图 5-12(b)所示。

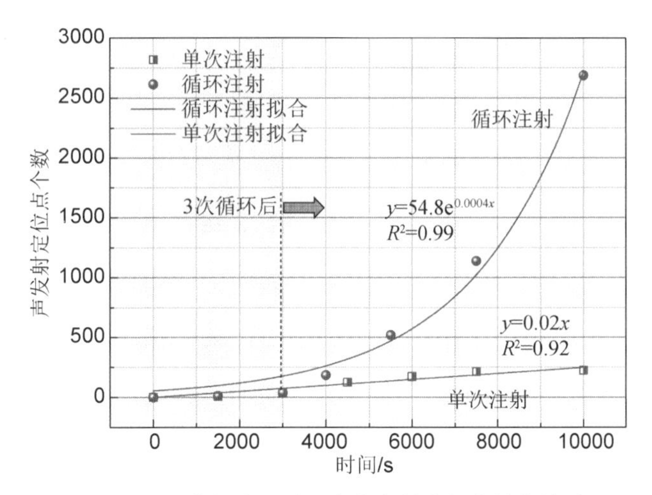

图 5-11 液氮注入过程中声发射空间定位点统计

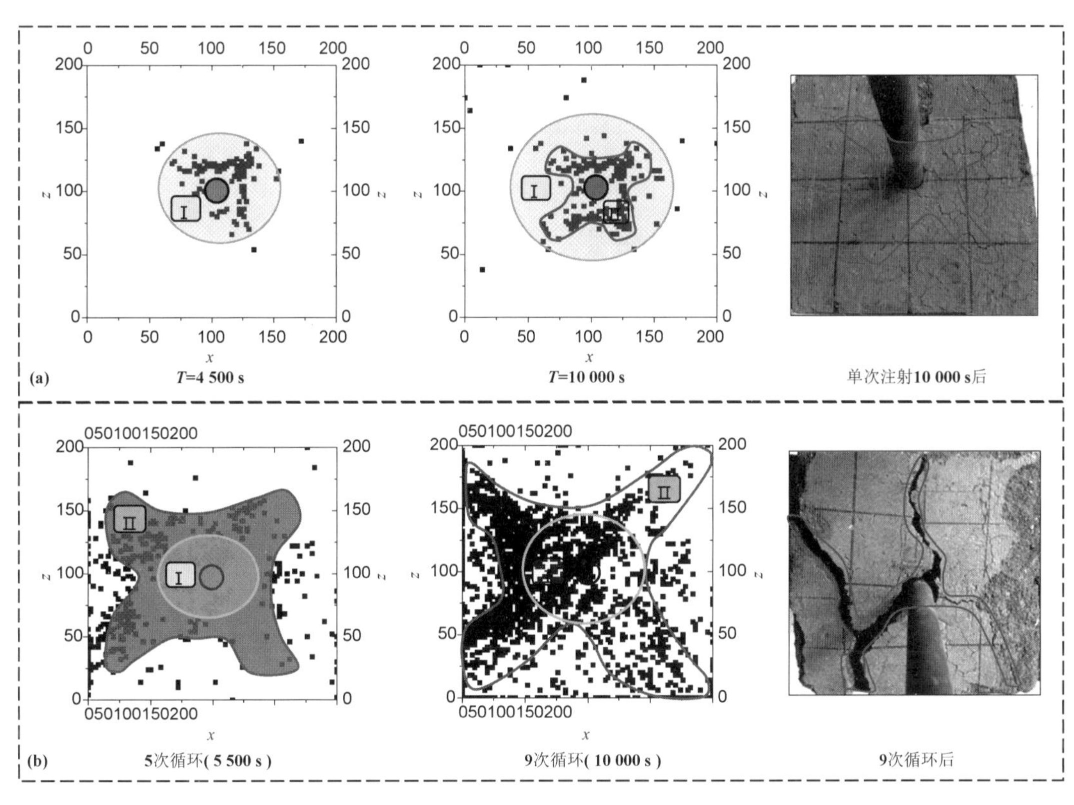

图 5-12 液氮注入过程中声发射空间定位点在 xz 平面的投影和损伤区域

通过对比相同时间下试样的损伤区域，发现循环式的液氮注射对试样的损伤远远大于单次液氮注射的损伤。这是因为，在单次液氮注射过程中，在形成初次冻胀损伤后，由于冰的不可流动性和有限的体积膨胀，便会停止对试样造成进一步的损伤。但是在循环注射过程中，在液氮初次注射产生少量裂隙后，融化期间的水分得到自由运移，液氮汽化的高压气体会不断促进水分运移至裂隙尖端，进而扩大冻胀范围，经过多次循环冻融作用，在应力的反复施加过程中，裂隙发展成为贯通多个分层的裂隙网络。

5.3.3 液氮注射过程的基质颗粒受力状态和影响因素

在液氮循环注射过程中，在各种内应力的作用下使得试样产生弹性和塑性变形（图 5-13）。试样的内应力 σ 是由试样的基本热力状况参数：外压力 P、温度 T 和体积 V 的变化造成的[241,242]。内应力又可细分为两种：一种应力与施加在试样的外压力有关，如图 5-14(a-1)所示；第二种内应力是在试样体积单元不均匀变化的影响下产生的，这种不均匀变化是由冻结、融化、基质颗粒收缩和水分迁移等因素引起的，主要包括拉应力、挤压应力和剪切应力，见图 5-14(a-2-至图 5-14(a-4)。

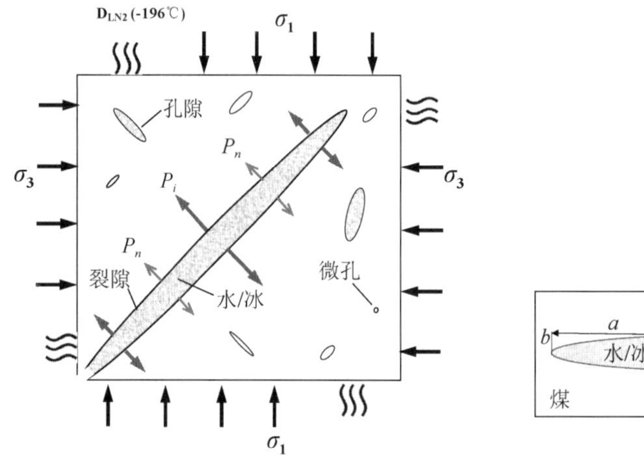

(a) 液氮冻结条件下原位煤层裂隙应力状态分析

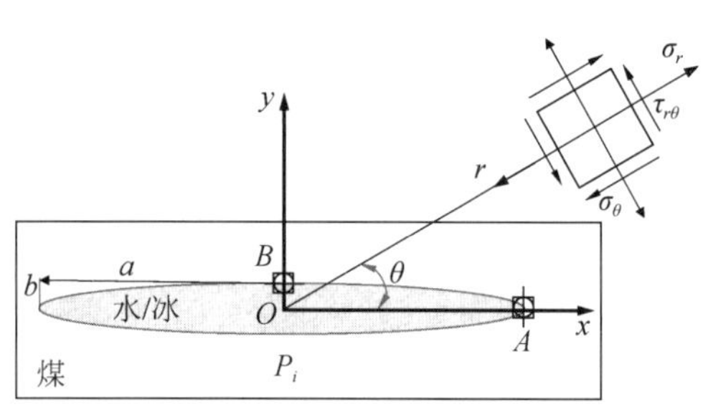

(b) 冻结裂隙尖端受力分析

图 5-13 液氮致裂煤体中裂隙尖端受力状态

水冰相变是煤体裂隙内部产生冻胀力的必要条件，水冰相变产生的体积膨胀受到裂隙壁的束缚则产生冻胀力。对单裂隙受力模型做如下基本假设[118,137,228]：

(1) 煤体裂隙含水饱和，只考虑裂隙内水分迁移，忽略煤体的渗透性；

(2) 煤体和冰体均视为均质各向同性弹性介质，且裂隙水不可压缩；

(3) 裂隙横断面为椭圆形不变，裂隙宽度为椭圆长轴 a，厚度为椭圆短轴 b；

(4) 体积膨胀过程中冻胀冰和汽化氮气沿裂隙面均匀分布，液氮相变过程符合理想气体状态方程。

图 5－13 简化了裂隙尖端的受力模型，通过弹性力学的平面问题求解得到单裂隙模型裂隙尖端的应力场，三向应力的表达式见公式(5－7)至公式(5－9)[118,228]：

$$\sigma_r=\frac{K_1}{\sqrt{2\pi r}}\cos\frac{\theta}{2}\left(1+\sin\frac{\theta}{2}\sin\frac{3\theta}{2}\right) \tag{5-7}$$

$$\sigma_\theta=\frac{K_1}{\sqrt{2\pi r}}\cos\frac{\theta}{2}\left(1-\sin\frac{\theta}{2}\sin\frac{3\theta}{2}\right) \tag{5-8}$$

$$\tau_{r\theta}=\frac{K_1}{\sqrt{2\pi r}}\cos\frac{\theta}{2}\sin\frac{\theta}{2}\cos\frac{3\theta}{2} \tag{5-9}$$

式中，σ_r 为径向正应力，σ_θ 为切向正应力，$\tau_{r\theta}$ 为周向应力，r 和 θ 为裂隙尖端的极坐标，K_1 为 Griffith 张开型裂隙的应力强度因子。

液氮注射所产生的内应力会在试样孔隙中形成巨大的损伤。试样中孔隙类型主要包括圆形孔隙、椭圆形孔隙和扁平型裂隙，当裂隙周边的应力大小超过材料的极限强度时，裂隙便会沿着最大主应力的方向扩展，次生裂隙的扩展方向和裂隙的失效模式如图 5－14(c)所示。

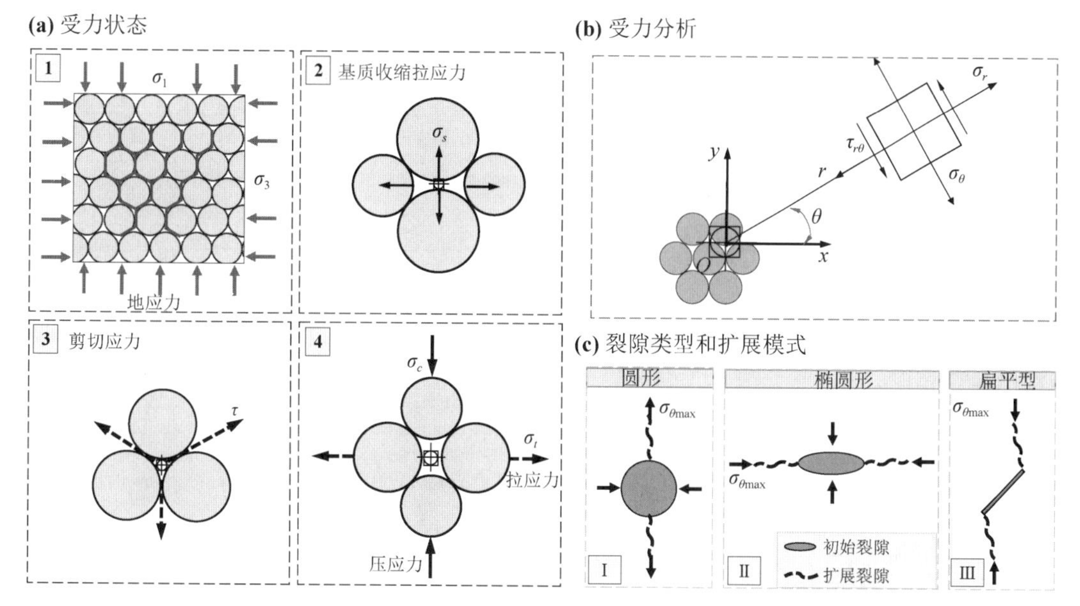

图 5－14　液氮致裂煤岩体的细观受力分析及破裂模型

影响试样中冻胀应力的主要有以下 3 个因素：①水遇冷结冰使体积增大 9％(冻胀应力和应变)；②迁移未冻水薄膜的劈裂作用(膨胀应力和应变)；③由低温导致的矿物颗粒收缩(收缩应力和应变)。液氮注射致裂试样的冻胀变形量 h 可表述为[241,243,244]：

$$h = h_v - h_m - h_s - h_c \tag{5-10}$$

式中，h_v是由孔隙水的冻结而体积增大9%所产生的冻胀量，h_m是由迁移聚冰作用产生的冻胀量，h_s是颗粒遇冷产生的收缩变形量，h_c是内外压力引起的压缩压密变形量。

对于饱和水试样和快速冻结条件而言，冻胀量主要是由孔隙水结冰而使体积增大9%所产生的冻胀变形产生，此时的冻胀量 h_v 为[241]：

$$h_v = 0.09(W_t - W_w)\xi \tag{5-11}$$

式中，ξ 为冻结厚度，W_t是融化区一侧界面的体积含水量，W_w是未冻水量。

试样中的不饱和区域的冻胀量取决于孔隙被水填充的程度。大量研究表明，正冻区向已冻区迁移的水分所产生的聚冰作用在总冻胀量中起最大的作用。由迁移聚冰作用产生的冻胀变形量为[241,244]：

$$h_m = -1.09 K_a K_w \delta_t^\varphi \mathbf{grad}\ t \times \frac{\xi}{v} \tag{5-12}$$

式中，K_a是冰条倾角余弦的系数，K_w是水分扩散系数，$\delta_t^\varphi = \dfrac{\partial W_u}{\partial t}$是温度梯度系数，$\xi$ 为冻结厚度，v 是冻结速度。

颗粒遇冷的收缩变形量 h_s可由下式得到[241]：

$$h_s = \beta(W_i - W_t)\xi_{yc} \tag{5-13}$$

式中，β 是体积收缩系数，W_i为起始体积含水量，W_t是融化区一侧界面的体积含水量，ξ_{yc}为收缩区深度。

由内外压力产生的压缩压密变形量可按下式计算[243]：

$$h_c = aP\xi_k \tag{5-14}$$

式中，a 是压缩系数，P 是与内外力作用有关的压缩力，ξ_k为压缩压密区的深度。

在不同温度、水分、压力条件下冻结的试样中，总的冻胀量取决于孔隙水的冻结、冰的分凝作用、收缩和压缩压密所产生的局部形变。考虑各种分量因素的影响，试样的总冻胀量可以用公式(5-15)表示：

$$h = 0.09(W_t - W_w)\xi + (1.09 K_a K_w \delta_t^\varphi \mathbf{grad}\ t \times \frac{\xi}{v}) - \beta(W_i - W_t)\xi_{yc} - aP\xi_k \tag{5-15}$$

由上式可知，试样骨架密度越小，初始含水量越大，水结冰膨胀形成的冻胀力越大；温度梯度越大，迁移水流量越大，迁移聚冰产生的冻胀量越大；颗粒的收缩变形量和颗粒的固有性质有关；压缩压密变形量和试样的围压环境有关。

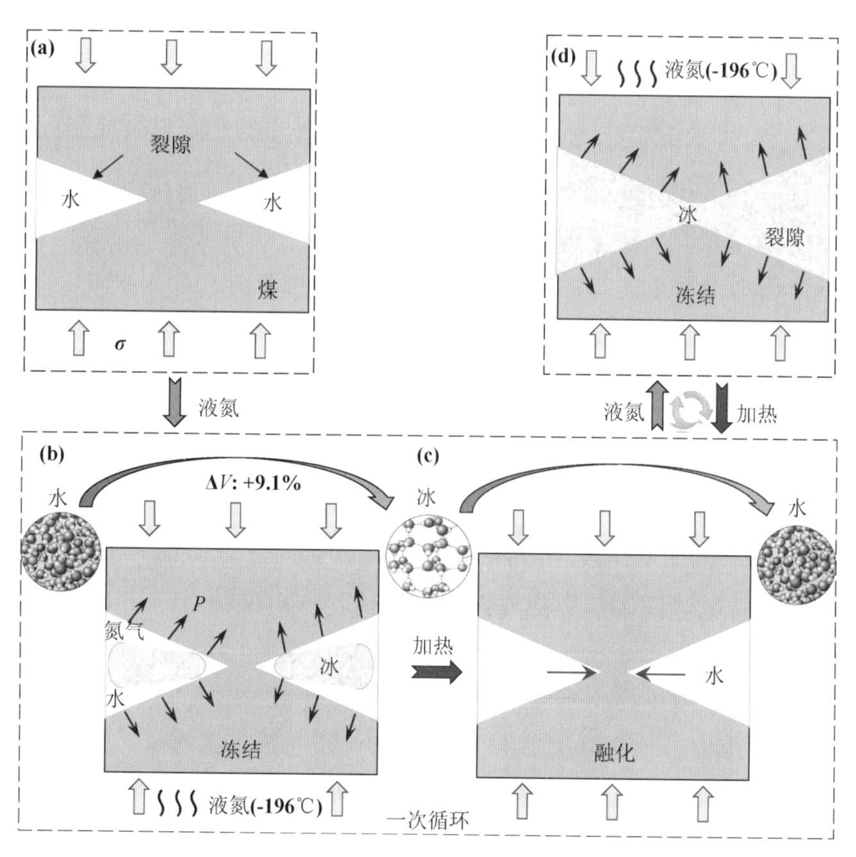

图 5-15　液氮循环致裂机制及裂隙形成过程

图 5-15 展示了液氮循环注射中裂隙形成和扩展的过程。首次液氮注射后试样中初始微裂隙得到扩展[图 5-15(b)]；在融化过程和高压氮气的作用下，水分到达新裂隙尖端[图 5-15(c)]；下一次液氮冻结过程中在新裂隙尖端形成有效的冻胀力；循环的液氮注射作用使裂隙连通成裂隙网[图 5-15(d)]。循环式液氮注射过程中的新裂隙尖端充水过程，能很好地解释图 5-6 和图 5-8 中温度和声发射能量的实验结果。

在流动状态下，高压氮气促使水分填充到新裂隙尖端的过程，是循环式注射在裂隙尖端形成有效冻胀力和高效致裂的必要条件。因此，循环式液氮注射在致裂试样中的效率远远大于单次的液氮注射，可以作为一种高效的煤层致裂手段和煤层气开发技术。因此，该方法在抽采煤层气中具有广阔的前景。

5.4　基于红外热成像技术的液氮注射过程中冷量传递规律研究

液氮注入煤体后的冷量传递过程和传递范围与煤层致裂范围和致裂效率直接相关。红外热成像技术是一种快速可靠的测温技术，在传热研究领域具有广泛的应用。Zhou 等根据煤体在瓦斯吸附过程中红外热成像温度变化，发现甲烷吸附区域的温度上升曲线服从正态分布规律[245]。Cao 等采用红外热成像技术分析了煤粉爆炸的热辐射效应和火焰的传播效应[246]。Wang，Gong 和 Sun 等研究了单轴加载下岩石破裂和失效过程中的红外温度变化，用来监测和预防采矿过程中关于煤岩体结构失稳造成的自然灾害[247-249]。Sun 等采用红外线成像技术对巷道底板隆起进行位移和热响应分析[250]。

现有研究多从煤体孔隙结构和力学特性方面对液氮致裂进行评估[74,77]，并没有从传热传质角度研究液氮致裂效果的报道。研究煤体中液氮的流动和冷量传递规律对液氮循环注射致裂抽采煤层气技术的应用具有重要意义。本章采用红外热成像技术对液氮注射过程中的红外图像进行监测和分析，并结合声发射、超声波探测技术研究裂隙的扩展过程，以期获得液氮在煤体中的流动方式和冷量传递规律。

5.4.1 液氮注射过程中红外热成像演化过程和传热规律

5.4.1.1 液氮注射过程中红外热成像演化过程

在液氮注射过程中，分别对不同阶段的试样进行红外热成像测试。图 5 - 16 分别列出了单次液氮注射和循环式液氮注射过程中试样表面的红外热图像变化。在两种注射方式下，液氮的冷量均是从液氮注射管向四周扩散，但是在相同的注射时间下，循环式注射的制冷范围远远大于单次注射。

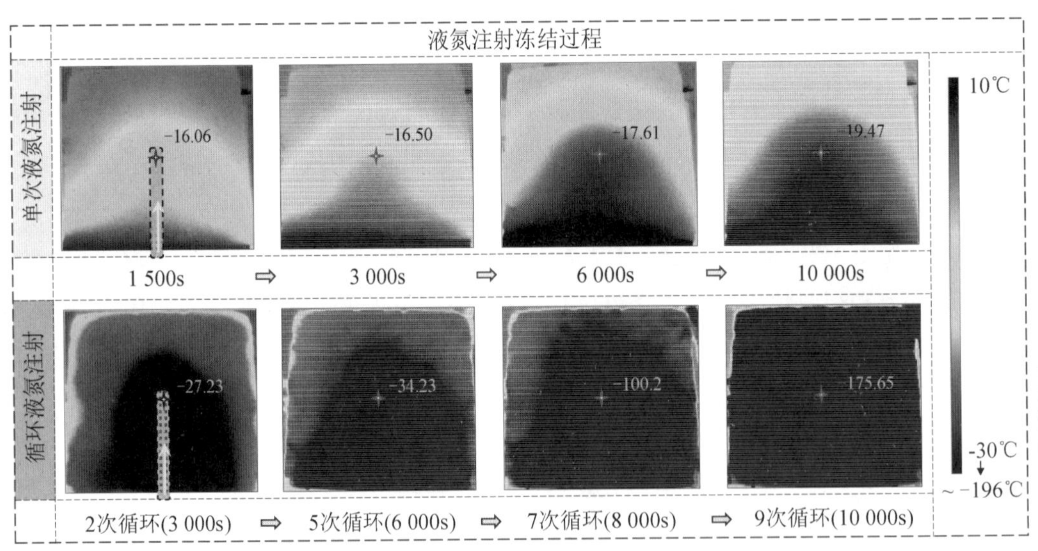

图 5 - 16 液氮注射过程中红外热图像演化过程(单次注射和循环注射)

图 5－16 中的标记点温度代表液氮注射管出口位置对应的最低温度。单次液氮注射 1 500 s、3 000 s、6 000 s 和 10 000 s 后，液氮注射管出口位置对应的最低温度分别为 −16.06 ℃、−16.50 ℃、−17.61 ℃和 −19.47 ℃；循环注射 2 次循环(3 000 s)、5 次循环(6 000 s)、7 次循环(8 000 s)和 9 次循环(10 000 s)后，液氮注射管出口位置对应的最低温度分别为 −27.23 ℃、−34.23 ℃、−100.2 ℃和 −175.65 ℃。这是由于单次液氮注射过程中，试样内部没有形成贯通的裂隙网络，液氮的冷量主要通过固体传递扩散；相反，在循环式的注射过程中，试样内部的裂隙网络随着循环次数增加而逐渐贯通，液氮的冷量则通过裂隙传递到整个试样。

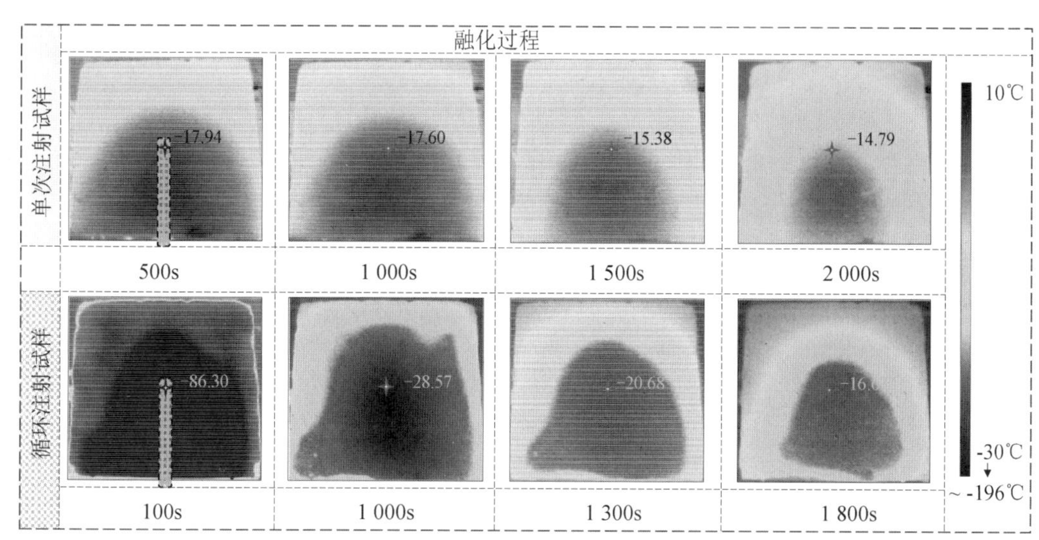

彩图链接

图 5－17　注射后试样融化过程中的红外热图像(单次注射和循环注射)

液氮注射后，对融化过程中的试样进行红外热成像测试。图 5－17 分别列出了单次液氮注射后和循环式液氮注射后试样表面的红外热图像变化。在融化升温过程中，试样从外部向内部逐渐融化升温，由于循环式注射后的试样存在大量贯通裂隙，热量更容易沿着裂隙传递。单次液氮注射后，试样融化 100 s、1 000 s、1 300 s 和 1 800 s 时，液氮注射管出口位置对应的最低温度分别为 −17.94 ℃、−17.60 ℃、−15.38 ℃和 −14.79 ℃；9 次循环注射后，试样融化 100 s、1 000 s、1 300 s 和 1 800 s 时，液氮注射管出口位置对应的最低温度分别为 −86.30 ℃、−28.57 ℃、−20.68 ℃和 −16.63 ℃。因此，循环式注射后的试样相比单次注射，具有冻结过程降温快和融化过程升温快的特点。

5.4.1.2　液氮注射过程中的热传递规律

为了定量分析液氮注射过程中的传热规律，设定图 5－18 中的中心点温度对应着液氮注射出口的最低温度。

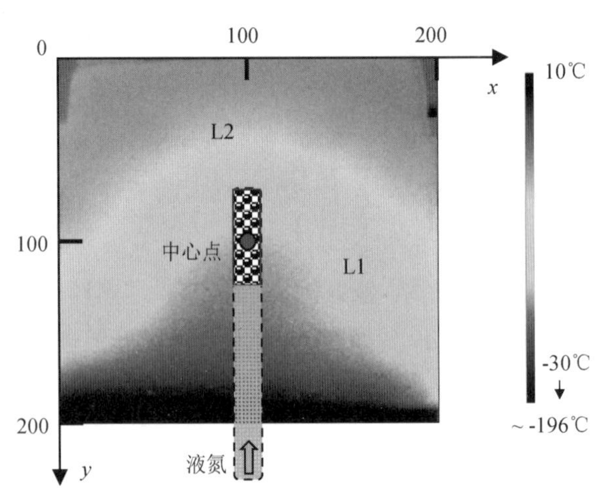

图 5-18　红外热图像的尺寸划分和定量分析

根据已有研究，在液氮注射过程中，试样中会存在"冻缩—冻胀—冻缩"现象[251]。通过实验过程中温度和应变的测试结果，发现在［0，－37］℃和［－100，－160］℃区间，试样主要处于冻缩阶段，这主要是由于温度骤降导致的颗粒遇冷收缩，试样总体表现出体积收缩；在［－37，－100］℃区间，试样主要处于冻胀阶段，此阶段中水分结冰的膨胀量大于基质颗粒的收缩量，试样总体表现出体积膨胀，如图 5-19 所示。

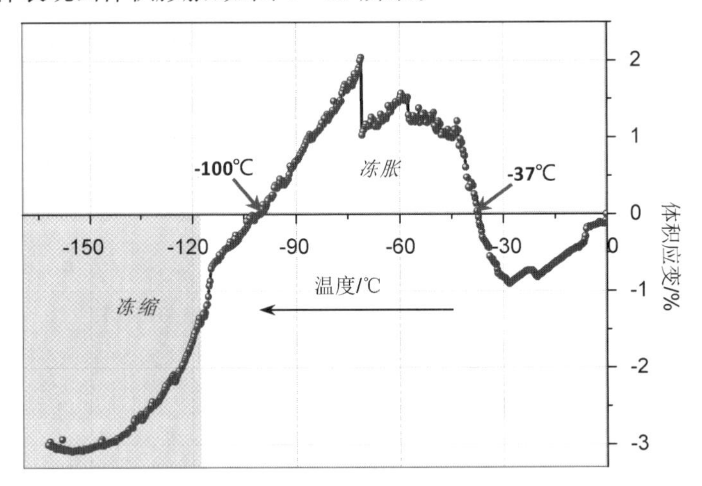

图 5-19　液氮注射过程中试样的体积应变随温度变化趋势

图 5-20(a)列出了液氮注射冻结过程中图 5-18 中的最低温度随液氮注射时间的变化趋势；中心点温度与单次液氮注射时间呈线性负相关关系，与循环式注射时间呈指数负相关关系，表达式见表 5-2。图 5-20(b)列出了试样在融化过程中图 5-18 中的中心点温度随液氮注射时间的变化趋势；中心点温度与单次液氮注射时间呈线性正相关关系，与循环式注射时间呈对数正相关关系，表达式见表 5-2。从图 5-20(a)可以得出在液氮循环注射 3 次

循环后(3 000 s)后，循环式注射的温度降低速度远远大于单次注射的温降速度。

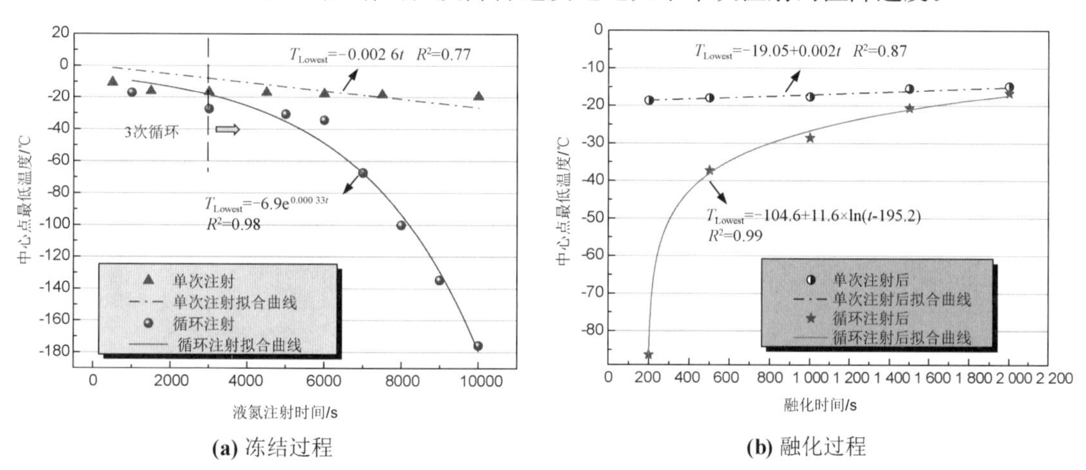

(a) 冻结过程　　**(b)** 融化过程

图 5－20　液氮注射过程中最低温度的变化曲线 (a)冻结过程,(b)融化过程

表 5－2　最低温度与注射时间的关系公式

状态	温度(℃)	液氮注射方式	拟合公式	相关系数	拟合类型
冻结	T_{Lowest}	单次注射	$T_{Lowest}=-0.002\ 6t$	0.77	直线
		循环注射	$T_{Lowest}=-6.9e^{0.000\ 33t}$	0.98	指数
融化	T_{Lowest}	单次注射	$T_{Lowest}=-19.05+0.002t$	0.87	直线
		循环注射	$T_{Lowest}=-104.6+11.6\times\ln(t-195.2)$	0.99	对数

在相同的注射时间下，循环式注射的温度下降幅度远远大于单次注射。从图 5－20 中可以看出，单次注射 10 000 s 后试样的表面温度始终小于－20 ℃，所以试样表面主要以冻缩为主，“冻缩－冻胀－冻缩”的交替加载并没能在整个试样内部产生。但是经过 6 次循环液氮注射(7 000 s)后，试样的表面温度低于－37 ℃，所以 6 次循环后的每个循环注射过程中，都会在整个试样中形成“冻缩－冻胀”的交替应力；8 次循环后(9 000 s)后，试样的表面温度低于－100 ℃，此后的每个循环注射过程中都会在整个试样中形成“冻缩－冻胀－冻缩”的交替应力。由于循环式注射本身就会在试样中形成交替的应力加载，此外，在每次循环注射过程中都会产生“冻缩－冻胀－冻缩”的交替应力，因此循环式液氮注射比单次注射更容易造成试样的损伤。

5.4.1.3　液氮冷量传递范围分析

为了定量分析液氮注射过程中的冷量传递范围和温度梯度变化，本书根据距离注射管中心的半径大小，把红外热图像划分为 4 个区域，分别是圆 $R50$、圆 $R100$、圆 $R150$ 和圆 $R200$，如图 5－21 所示。图 5－21 列出了单次注射过程和循环式注射过程中冷量的传递图。从图 5－21 中可以看出，冷量以液氮注射孔为中心向外部扩散，相同时间下循环式注射的冷量传递范围远远大于单次注射。

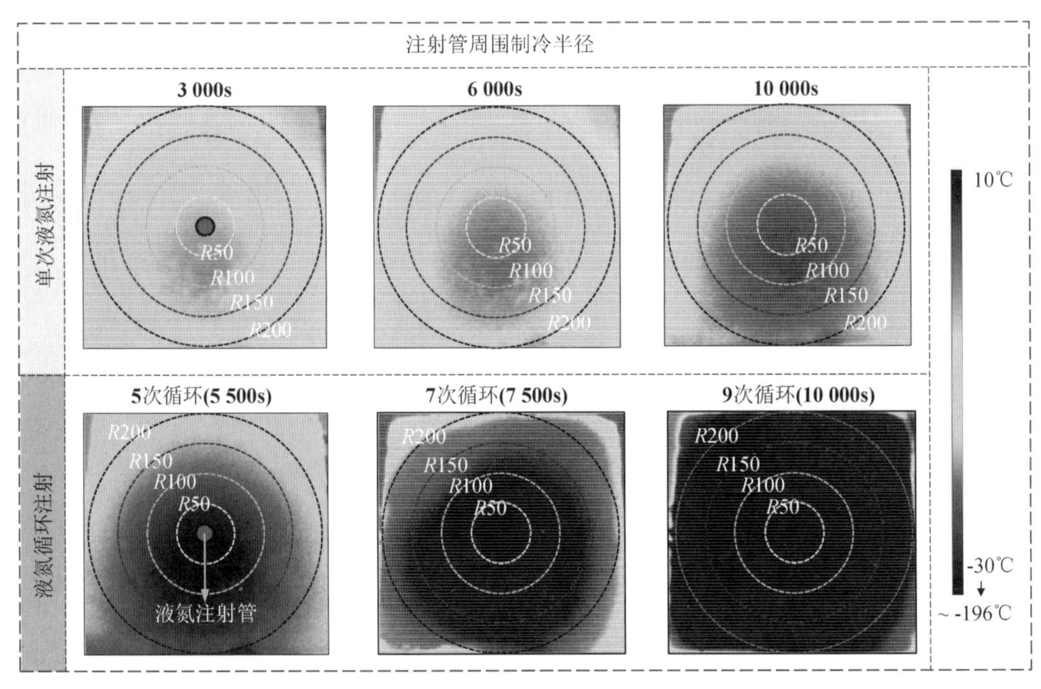

图 5-21　基于液氮注射孔的红外热图像变化和制冷区域划分

图 5-22 统计了圆线 $R50$、$R100$、$R150$ 和 $R200$ 的平均温度随着单次液氮注射时间和循环式液氮注射时间的变化趋势。圆线的平均温度代表冷量的传递效率，温度越低则冷量传递效率越高；圆线平均温度间的差值代表不同半径范围之间的温度梯度。

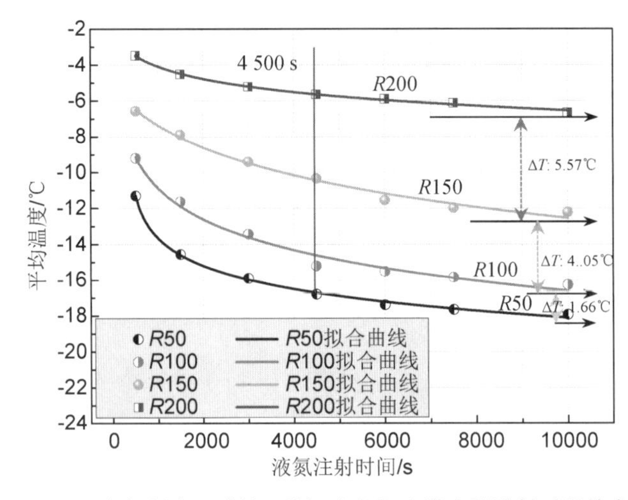

图 5-22　不同半径制冷区域的平均温度和温度梯度随注射时间的变化曲线

液氮注射 10 000 s 后，$R50$、$R100$、$R150$ 和 $R200$ 的平均温度分别为 −17.93 ℃、−16.27 ℃、−12.22 ℃和 −6.65 ℃，$R50$、$R100$、$R150$ 和 $R200$ 的平均温度之差分别为 1.66 ℃、4.05 ℃ 和 5.57 ℃，即距离液氮注射孔越远温度差越大，如图 5 - 22 所示。单次注射 4 500 s后温度下降变慢，圆线的平均温度与单次液氮注射时间具有对数负相关关系，表达式见表 5 - 2。循环式注射下，$R50$、$R100$、$R150$ 和 $R200$ 的平均温度之差随着注射时间先增大后减小，在第 6 次循环时达到最大的温度差。这是由于在第 6 次循环之前，试样中没有形成贯穿的裂隙网，液氮的冷量不能迅速扩散到整个试样；在第 6 次注射的时候在试样内部形成了贯穿的裂隙，液氮沿着裂缝能很快地传递，导致第 6 次循环后不同半径间的温差变小。

5.4.3 液氮注射的致裂过程

图 5 - 23(a)、图 5 - 23(b)和图 5 - 23(c)列出了液氮注射致裂试样的示意图。单次液氮注射主要在注射管出口周围形成局部损伤，低温区也集中在区域①内，如图 5 - 23(b)所示。循环式液氮注射经过反复交替的应力加载，损伤区域以注射管为中心向外逐渐扩大，如图 5 - 23(c)所示。单次液氮注射时，在裂隙中只能形成一次有效冻胀，如图 5 - 23(d)所示；但在循环式的液氮注射过程中，水分在融化阶段会重新运移到新裂隙的尖端，在下一次冻结过程中还能形成有效的冻胀力，如图 5 - 23(e)所示。

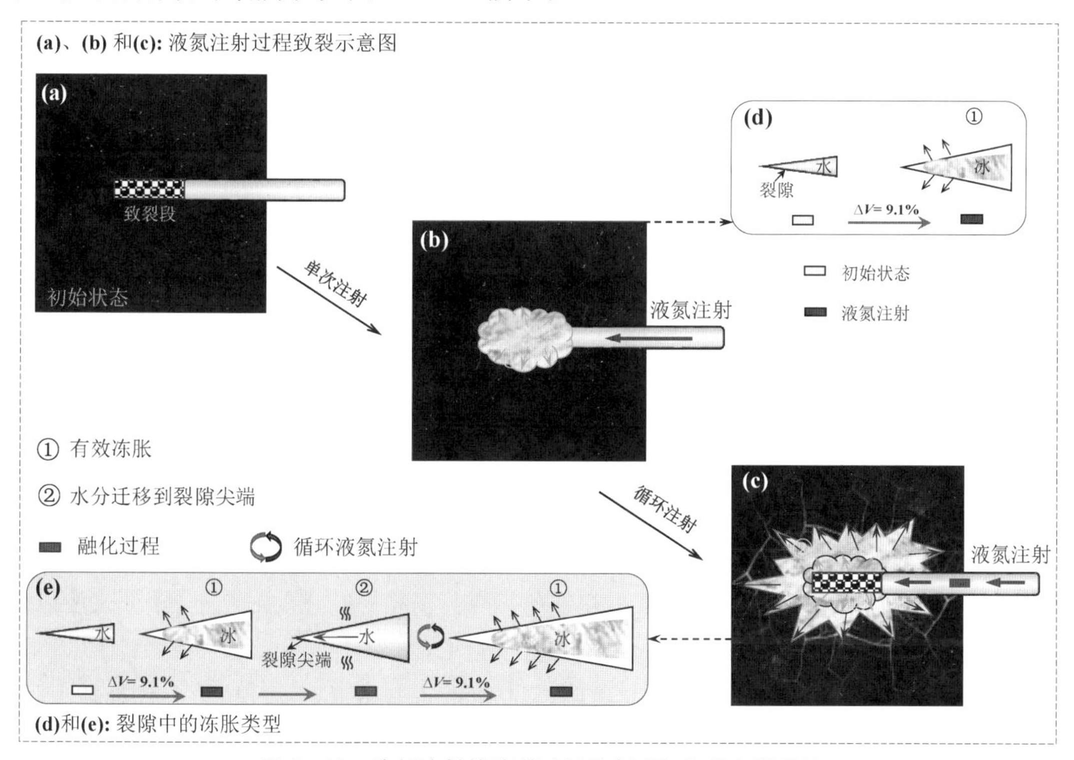

图 5 - 23　液氮注射的致裂过程示意图和微观冻胀原理

因此，在循环式注射的融化过程中，高压氮气促使水分填充到新裂隙尖端的过程，是循环式注射在裂隙尖端形成有效冻胀力和冷量不断向外传递的必要条件。

液氮注射过程中，试样内的裂隙扩展情况与冷量的传递具有直接关系。在原位地层中，影响试样变形和裂隙扩展的应力主要包括地应力、冻胀力、基质颗粒的收缩应力和高压氮气的压力。

$$\sigma=\begin{cases}|\sigma_c+\sigma_{FH}+\sigma_s+\sigma_g|\geqslant\tau\text{；新裂隙产生}\\|\sigma_c+\sigma_{FH}+\sigma_s+\sigma_g|<\tau\text{；无裂隙产生}\end{cases}\tag{5-16}$$

式中，σ_c 为地应力，σ_{FH} 为冻胀力，σ_s 为基质收缩应力，σ_g 为气体膨胀应力。

当颗粒基质所受内应力 $\sigma\geqslant$ 煤体颗粒抗拉强度 τ 时，新的裂隙产生；反之，不产生裂隙，如公式(5-16)所示。由于地应力和基质的收缩应力是固定的，循环式注射液氮时，高压氮气和水分的流动会使得裂隙尖端形成有效的冻胀力和高压氮气压力，有效的内应力促使裂隙的起裂和延伸，更有利于形成冷量传递的裂隙网络。

5.5 本章小结

液氮注射致裂技术对煤岩体物性具有巨大的改造作用，为了模拟原位地层下液氮致裂技术的传热特征和裂隙扩展过程，本章研究了真三轴围压下液氮注射过程中试样的传热与致裂特征。液氮注入煤体后的流动过程和冷量传递与煤层致裂范围和致裂效率直接相关。基于红外热成像技术、超声波探测技术和声发射技术，开展了真三轴压力下单次液氮注射与循环式液氮注射过程中试样的传热与致裂特征。主要获得以下结论：

(1) 根据声发射定位数据，发现单次液氮注射过程中试样的损伤只出现在注射管附近，而不能持续扩散。循环式液氮注射过程，试样会随着主裂隙的贯通，在试样整体范围形成塑性变形区域，直到试样发生屈服破坏。

(2) 单次注射 10 000 s 和循环式注射次 9 循环(10 000 s)后试样表面的最低温度分别为 261 K、165.8 K。单次注射过程中试样内外部温度下降到一定值后便停止，且损伤区域只出现在注射管附近，试样内部没有形成有效裂隙，主要是通过固体进行冷量的传递；但是循环式注射过程中试样内外部温度随注射时间延长不断降低，试样中形成了有效的裂隙网络，液氮的冷量沿着裂隙能更快地传递。循环式液氮注射相比单次注射，试样内部出现了更多的裂隙，具有冻结过程降温快和融化过程升温快的特点。在相同的注射时间下，循环式注射的制冷范围远远大于单次注射。

(3) 通过分析液氮注射的细观致裂机制，得出试样骨架密度越小，初始含水量越大，水结冰膨胀形成的冻胀力越大；温度梯度越大，迁移水流量越大，迁移聚冰产生的冻胀量越大；

颗粒的收缩变形量和颗粒的固有性质有关;压缩压密变形量和试样的围压环境有关。

(4) 在流动状态下,高压氮气促使水分运移至新裂隙尖端的过程,使每次液氮冻结均能形成有效冻胀力,是循环式注射在裂隙尖端形成有效冻胀力和冷量不断向外传递的必要条件,这也是单次液氮注射所达不到的。因此,循环式液氮注射技术可以作为一种高效的煤层致裂手段和煤层气开发技术。

(5) 基于声发射定位点还原了液氮注射的动态致裂过程,揭示了液氮注射煤岩体的细观受力状态及裂隙扩展模型。基于红外温度分析结果,建立了液氮注射过程中的试样温度随注射时间的模型公式,并分析了在液氮注射过程中制冷半径和温度梯度变化趋势。

6 液氮循环注入煤体的致裂增透机制及潜在应用

6.1 液氮循环注入煤体的致裂增透机制分析

6.1.1 不同尺度下液氮致裂增透机制分析

S. Taber 和 O. Sass 研究发现水冰相变的冻胀力是影响岩土体冻胀损伤的主要因素[168,252]。在应用方面，Li，McDaniel，Grundmann，Ray 和 Singh 均在现场对液氮压裂进行了工业应用或者方案设计，说明液氮在提高煤层渗透率的方面是具有应用可行性的[75,85,86,253]。

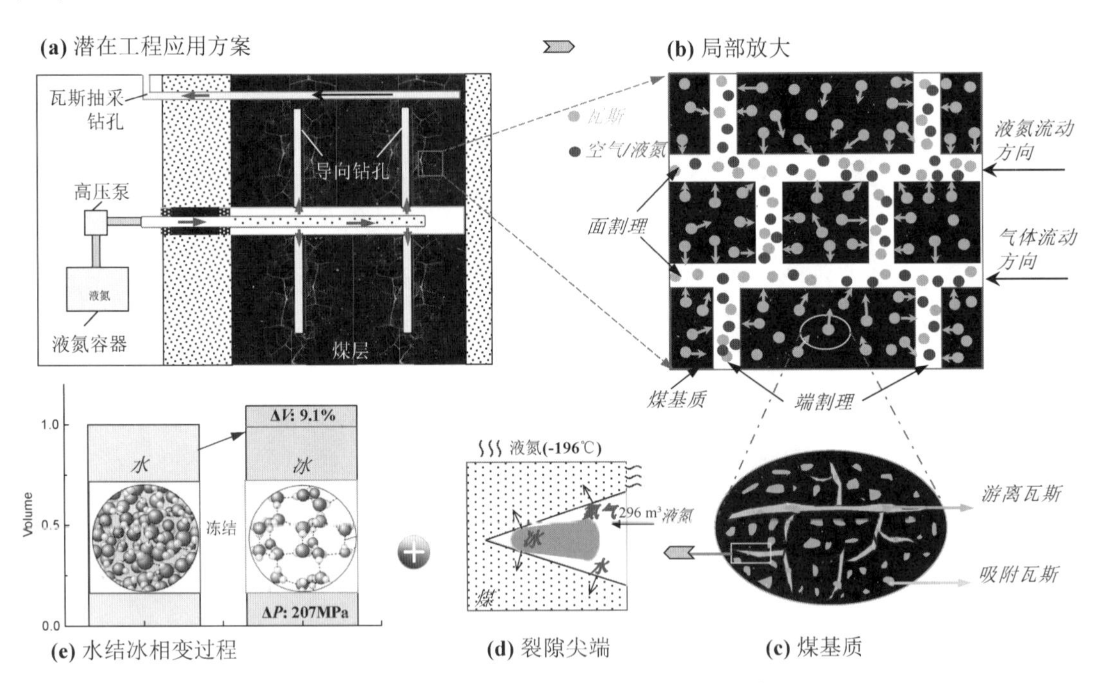

图 6-1　液氮循环致裂煤体的应用设计及致裂机制

基于已有的研究，液氮循环注入致裂煤体抽采煤层气方法的设计方案是通过在煤体施工导向钻孔后，利用液氮注射系统通过导向钻孔将液氮输送到指定煤层区域，如图 6－1(a)所示。

通过控制合理的循环次数和致裂时间对煤层进行循环压裂。在液氮注入煤体过程中液气相变、水冰相变所产生的冻结致裂、膨胀致裂、低温致裂三重力学机制下，煤体会产生疲劳损伤破坏，煤体内部裂隙弱面更易扩展、延伸。循环的疲劳加载，促使煤体中瓦斯吸附孔隙打开，瓦斯解吸并流动到渗流空间，同时渗流裂隙网络的连通，形成良好的瓦斯抽采条件，如图 6－1(b)和图 6－1(c)所示。

在液氮汽化过程中，1 m^3 液氮将汽化为 296 m^3 的氮气，产生巨大的汽化压力，如图 6－1(d)所示；水冰相变过程会产生 9％的体积膨胀，理论上形成 207 MPa 的膨胀压力，如图 6－1(e)所示。

液氮对含水裂隙的冻胀作用如图 6－2 所示，液氮的低温作用使得裂隙中水结冰膨胀，冰的膨胀力在裂隙尖端形成很大的张拉应力，裂隙逐渐扩张延伸。

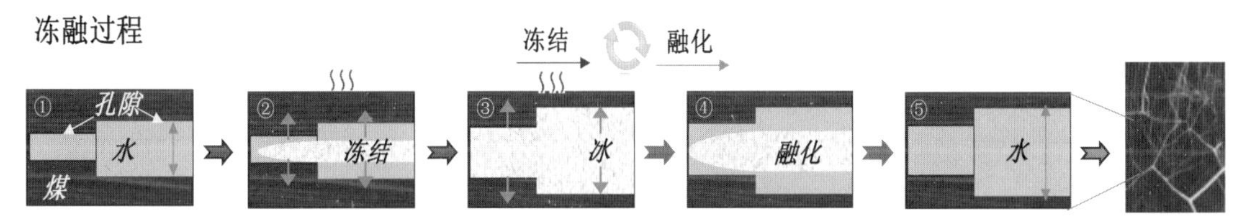

图 6－2　含水裂隙的液氮致裂过程及裂隙扩展过程

6.1.2　基于应力强度因子的裂隙起裂准则

6.1.2.1　煤体中裂隙类型

按煤体裂隙的受力状态可将裂隙分为三种：Ⅰ型(张开型)、Ⅱ型(滑开型)和Ⅲ型(撕开型)[254]。Ⅰ型裂隙受张拉应力而开裂；Ⅱ型裂隙受剪应力作用而产生；Ⅲ型裂隙为受剪应力而撕开的裂隙[255]，如图 6－3 所示。

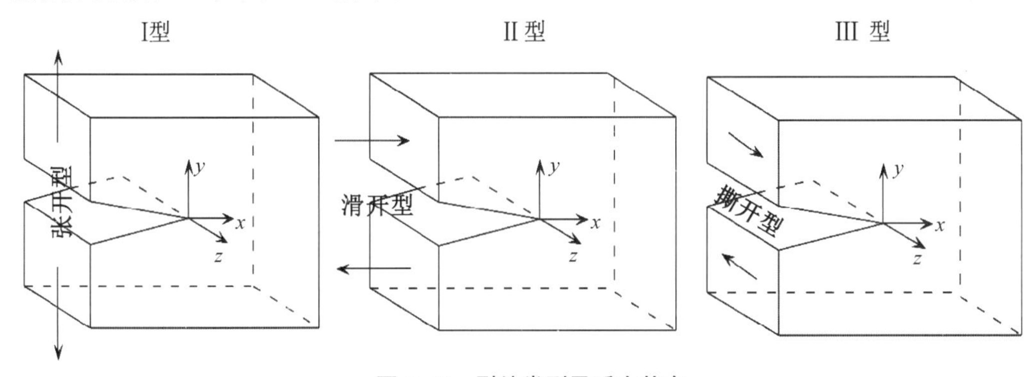

图 6－3　裂纹类型及受力状态

在三种裂隙中，Ⅰ型张开型裂隙是主要的裂隙形式。根据研究表明，裂隙尖端的位移场和应力场[254-256]，如下式：

$$\begin{cases}\sigma_x=\dfrac{K_{\mathrm{I}}}{\sqrt{2\pi r}}\cos\dfrac{\theta}{2}\left(1-\sin\dfrac{\theta}{2}\sin\dfrac{3\theta}{2}\right)\\ \sigma_y=\dfrac{K_{\mathrm{I}}}{\sqrt{2\pi r}}\cos\dfrac{\theta}{2}\left(1+\sin\dfrac{\theta}{2}\sin\dfrac{3\theta}{2}\right)\\ \tau_{xy}=\dfrac{K_{\mathrm{I}}}{\sqrt{2\pi r}}\cos\dfrac{\theta}{2}\sin\dfrac{\theta}{2}\cos\dfrac{3\theta}{2}\\ \tau_{xz}=\tau_{yz}=0\\ \sigma_z=\nu(\sigma_x+\sigma_y)\quad \text{平面应变}\\ \sigma_z=0\quad \text{平面应力}\end{cases} \tag{6-1}$$

$$\begin{cases}u=\dfrac{K_{\mathrm{I}}}{4G}\sqrt{\dfrac{r}{2\pi}}\left[(2k-1)\cos\dfrac{\theta}{2}-\cos\dfrac{3\theta}{2}\right]\\ v=\dfrac{K_{\mathrm{I}}}{4G}\sqrt{\dfrac{r}{2\pi}}\left[(2k+1)\sin\dfrac{\theta}{2}-\sin\dfrac{3\theta}{2}\right]\\ w=0 \qquad\qquad \text{平面应变}\\ w=-\displaystyle\int\dfrac{\nu}{E}(\sigma_x+\sigma_y)\mathrm{d}z \qquad \text{平面应力}\end{cases} \tag{6-2}$$

式中，r 和 θ 为某点极坐标；u、v、w 分别为三个方向的位移；σ_x、σ_y、σ_z、τ_{xy}、τ_{xz} 和 τ_{yz} 分别为应力分量；G 为剪切弹性模量(MPa)；ν 为泊松比；E 为弹性模量(MPa)；K_{I} 为应力强度因子。

$$k=\begin{cases}3-4\nu \quad \text{平面应变}\\ \dfrac{3-\nu}{1+\nu} \quad \text{平面应力}\end{cases} \tag{6-3}$$

应力强度因子 K_{I} 可以表征裂隙尖端的应力强度，因此可用 K_{I} 来建立裂隙起裂准则。应力强度因子 K_{I} 的表达式如下[255]：

$$K_{\mathrm{I}}=F\sigma\sqrt{\pi a} \tag{6-4}$$

式中，σ 为名义应力(MPa)；a 为裂隙长度(mm)；F 为形状因子。

扩展裂隙单位面积释放的应变能定义为应变能释放率 G_{I}，应变能释放率 G_{I} 和应力强度因子 K_{I} 的具有下式关系[254-256]：

$$G_{\mathrm{I}}=\frac{K_{\mathrm{I}}^2}{E'} \tag{6-5}$$

式中，$E'=E$（平面应力）；$E'=\dfrac{E}{1-\nu^2}$（平面应变）。

6.1.2.2 液氮注射过程中裂隙内气、液、固三重破裂压力计算模型及起裂准则

借鉴水力压裂的方法，本研究构建了液氮注射过程中裂隙内的气体、液体、固体三重致裂计算模型[257]。由于煤体中存在大量的初始裂隙且多为Ⅰ型张开型裂隙，因此把裂隙模型简化为孔周有对称的微裂隙的平面模型。孔壁受到均匀的张应力 $f(t)$，裂隙壁受到内部裂隙压力 $p(r,t)$，煤层周围受到地层压力 σ，如图 6-4 所示。

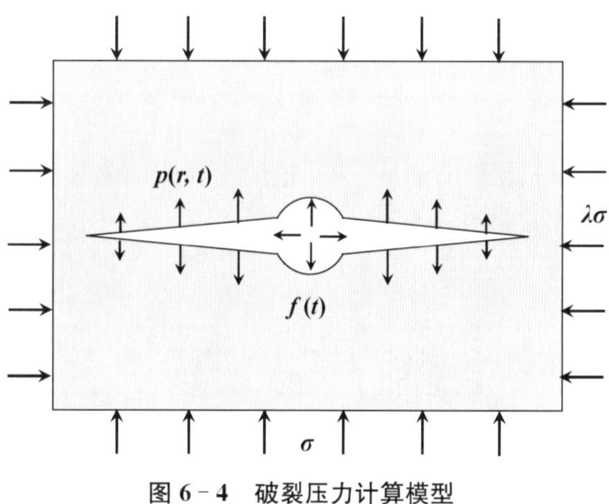

图 6-4 破裂压力计算模型

因为煤体致裂过程中的裂隙多为Ⅰ型，因此应该先求出在地应力、孔隙压力和孔壁压力下的裂隙强度因子。假定煤体为线弹性体，根据断裂力学理论，可由每个独立应力作用下的裂隙应力强度因子进行叠加得到多个载荷下共同形成的总的裂隙应力强度因子[258-260]。根据应力强度因子的叠加原则，我们把应力强度因子模型分为三个模型，分别是地应力作用下的应力强度因子、孔壁压力作用下的应力强度因子以及裂隙压力对应的应力强度因子，如图 6-5 所示。

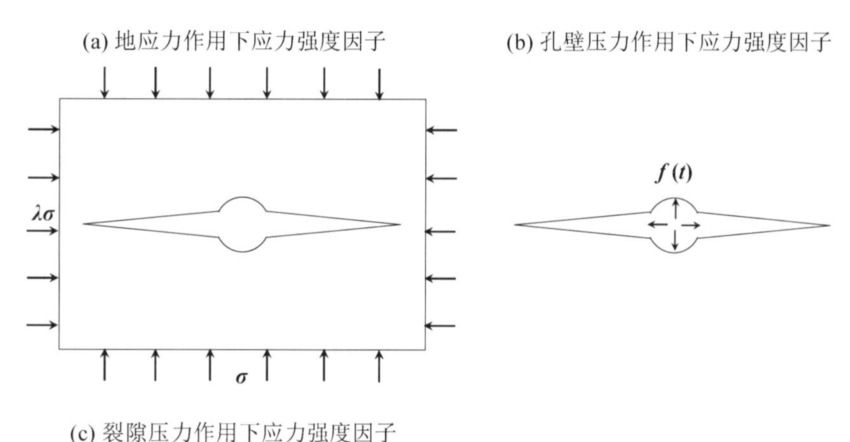

图 6-5 应力强度因子分解计算模型

设定地应力对应应力强度因子、孔壁压力应力强度因子和孔隙压力应力强度因子分别为 K_{I}^{1}、K_{I}^{2} 和 K_{I}^{3}。因此，总应力强度因子 K_{I} 为[258-261]：

$$K_{\mathrm{I}}=K_{\mathrm{I}}^{1}+K_{\mathrm{I}}^{2}+K_{\mathrm{I}}^{3} \tag{6-6}$$

根据断裂力学准则，总应力强度因子 K_{I} 大于煤体临界应力强度因子 K_{IC} 时，裂纹开始起裂扩展。即满足下式[262-265]：

$$K_{\mathrm{I}}\geqslant K_{\mathrm{IC}} \tag{6-7}$$

根据已有研究，可得地应力对应应力强度因子、孔隙压力应力强度因子和孔隙压力应力强度因子分别为[254,255]：

$$K_{\mathrm{I}}^{1}=-0.987\,2\sigma\sqrt{\pi a} \tag{6-8}$$

$$K_{\mathrm{I}}^{2}=0.205f(t)\sqrt{\pi a} \tag{6-9}$$

$$K_{\mathrm{I}}^{3}=\int_{r_0}^{r_1}\frac{p(r,t)}{\sqrt{\pi a}}\left(\sqrt{\frac{a+r}{a-r}}+\sqrt{\frac{a-r}{a+r}}\right)\mathrm{d}r \tag{6-10}$$

式中，σ 为地应力大小，$2a$ 为裂隙长度；r_0 和 r_1 分别为钻孔内半径、孔隙压力作用范围的外半径。

所以，总应力强度因子 K_{I} 可表示为：

$$K_{\mathrm{I}}=-0.987\,2\sigma\sqrt{\pi a}+0.205f(t)\sqrt{\pi a}+\int_{r_0}^{r_1}\frac{p(r,t)}{\sqrt{\pi a}}\left(\sqrt{\frac{a+r}{a-r}}+\sqrt{\frac{a-r}{a+r}}\right)\mathrm{d}r \tag{6-11}$$

裂纹起裂的准则可表示如下式：

$$K_{\mathrm{I}}=-0.987\,2\sigma\sqrt{\pi a}+0.205f(t)\sqrt{\pi a}+\int_{r_0}^{r_1}\frac{p(r,t)}{\sqrt{\pi a}}\left(\sqrt{\frac{a+r}{a-r}}+\sqrt{\frac{a-r}{a+r}}\right)\mathrm{d}r\geqslant K_{\mathrm{IC}} \tag{6-12}$$

根据上式，由地应力 σ、液氮产生的气压和冻胀压力 $f(t)$，裂隙壁受到内部裂隙压力 $p(r,t)$ 可求算出不同应力下的应力强度因子 K_{I}^{1}、K_{I}^{2} 和 K_{I}^{3}，根据判定式(6－7)可得到液氮注射过程中裂隙起裂的时间和压力。

6.2 液氮循环致裂增透技术潜在应用探讨及其对煤层气开采的启示

6.2.1 液氮循环致裂增透技术在煤层致裂增透方向的应用

基于液氮循环对煤体致裂的规律，提出一种基于导向钻孔的液氮循环致裂增透抽采煤层气方案，适用于高瓦斯含量、低透气煤储层的煤层气抽采。通过施工定向钻孔或缝槽，经过循环灌注液氮，达到液氮循环致裂煤层的效果。煤层中液氮致裂施工设计方案见图 6－6。

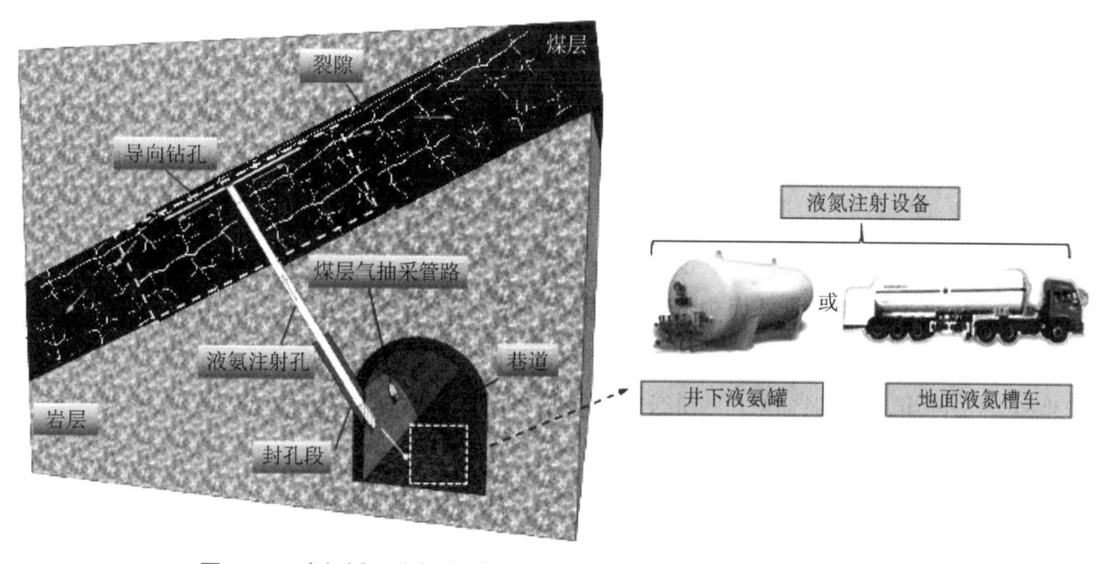

图 6-6　液氮循环注射致裂增透煤层抽采煤层气潜在应用方案示意图

本方法主要技术思路如下：在巷道施工主钻孔和导向缝槽，向钻孔循环注入液氮，实现煤体致裂液氮循环，从而达到增加钻孔周围煤层透气性的效果。煤体在水冰相变冻胀力、液氮汽化膨胀力以及低温液氮对煤体的损伤共同作用下，促使宏观裂隙和微观裂隙扩展联通，构成裂隙网，增加煤层透气性。本方法具有较强的煤层适用性，可实现瓦斯快速高效抽采的目的，液氮循环注射致裂增透煤层抽采煤层气潜在应用方案见图 6-6，技术实施流程如图 6-7 所示。

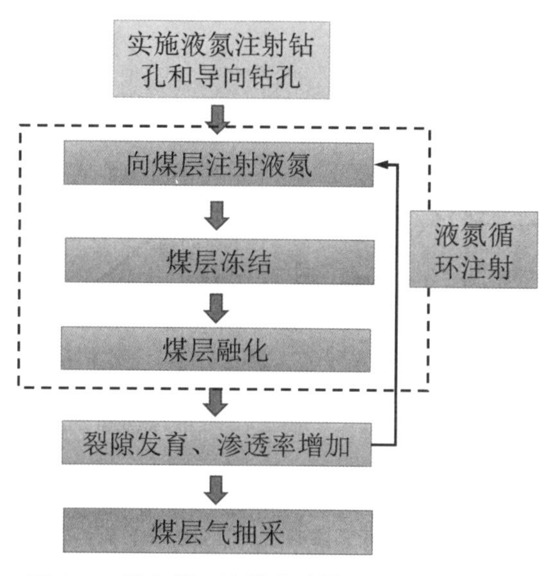

图 6-7　液氮循环注射致裂煤层的技术实施流程

首先，在注射液氮前，在回采煤层的巷道内向增透抽采煤层施工一个液氮注射钻孔，根据煤层厚度，液氮注射钻孔到达距煤层上部边缘，以注射钻孔为中心，向煤层实施液氮导向钻孔，然后在主钻孔内铺设灌注钢管，再利用钢管进行循环注氮，液氮会通过导向缝槽或钻孔到达指定区域。煤层在多重致裂作用下产生利于煤层气渗流的裂隙网络，实现煤层气的高效抽采，液氮注射致裂钻孔和煤层气抽采管路的空间布置如图 6-8 所示。

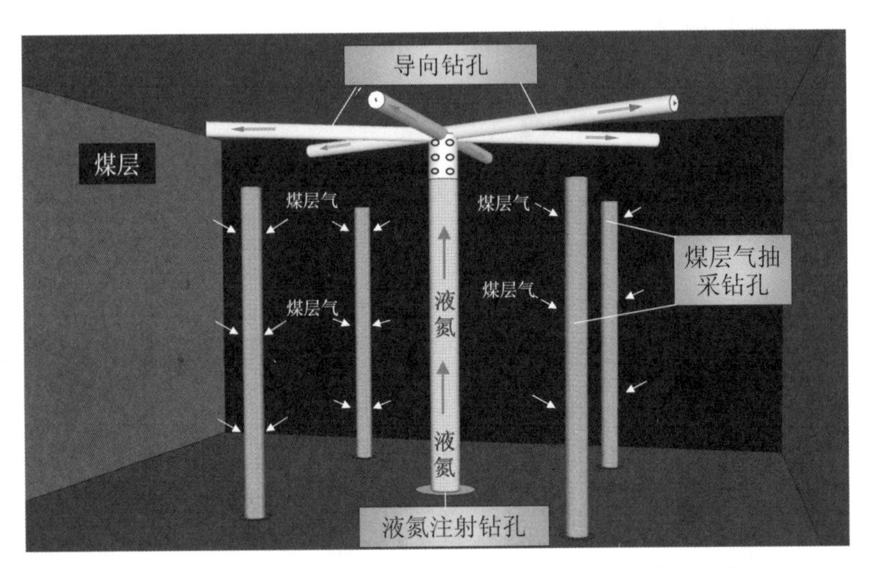

图 6-8 液氮注射致裂钻孔和煤层气抽采管路的空间布置示意图

在中国，液氮作为液氧的副产品，来源广泛，容易制取。利用自增压液氮罐内的高压通过钻孔向煤层灌注液氮，或者液氮罐车在地面通过地面钻井进行灌注（中国已有很多矿井具备地面钻井条件）。现场施工时，在煤层中预置一些人工弱面，为煤体冻胀提供破裂空间。通过实施导向钻孔和人工弱面等手段能较好地控制液氮的致裂范围和裂隙扩展。循环注入液氮致裂煤体是容易实现的。由于冰的不可流动性和水冰相变的膨胀性，使得液氮致裂具有传统流体压裂不具备的致裂效率。

6.2.2 低温液氮致裂增透技术在煤层气抽采方面的优势

相比氮气致裂，液氮在煤储层增产改造中更有优势。液氮具备高压缩率、高汽化率和高储能等优势。常压下液氮温度可达 −196 ℃，汽化潜热 5.56 kJ/mol，1 m^3 的液氮可膨胀为 696 m^3 的 21 ℃氮气，产生巨大的膨胀力[81,266]。另一方面，煤层割理中大多含水，当煤岩与液氮接触时，煤岩孔隙中的水分在液氮汽化吸热过程中会迅速冻结，水冰相变约产生 9% 的体积膨胀，理论上能够产生高达 207 MPa 的冻胀力[83]。

液氮注入煤体过程中的液气相变、水冰相变会产生膨胀致裂、冻胀致裂和低温致裂三重效果。原始煤体中含有少量初始裂隙，当液氮注入后，裂隙中水分结冰并膨胀，液氮同时汽化为原体积296倍的氮气，冰和高压氮气会在裂隙尖端形成张力，同时液氮的低温损伤导致煤基质的不均匀收缩，从而产生拉剪应力，通过循环的致裂处理，周期交变的应力加载会导致大量冻融裂隙的形成。冻融裂隙的出现和贯通，会大大降低煤体的力学性能，在很小的外力作用下，煤体则会失效变形，形成复杂的煤层气渗流网络。

相比常规的煤层致裂技术，液氮致裂技术具有以下优势：

① 不受水资源限制；

② 不会导致含有松软黏性矿物质的煤层吸水膨胀而堵塞瓦斯运移通道；

③ 避免了水资源污染和煤储层伤害；

④ 介质不污染环境、无腐蚀性；

⑤ 具备大尺度致裂能力和高效致裂特点；

⑥ 容易获取、制取简单、价格便宜；

⑦ 适用性广泛，不仅适用于煤层致裂抽采煤层气，还适用于页岩气等非常规低渗透油气的抽采。

液氮致裂技术在增加煤储层透气性、提高煤层气抽采效率等方面具有诸多优势，有望成为煤层气高效开发的重要手段之一，并可作为今后非常规天然气开发的重要储备技术。

6.3 影响液氮流动及冷量传递因素的数值模拟

为了研究不同钻孔布置对液氮流动及致裂的影响规律，本节对液氮注射钻孔和液氮导向钻孔周围煤体的应力变化和塑性区，采用FLAC 3D数值模拟软件进行了建模分析。以期获得影响液氮流动及致裂范围的初始条件，并有针对地对工程应用提供参数支持。

6.3.1 FLAC 3D软件简介和应用

1）力学模型

FLAC 3D是一种采用显式有限差分的程序软件，采用拉格朗日差分法作为程序基础，它借鉴了很多计算方法的优势，比如有限元法和不受边界条件限制的设置，这使得FLAC 3D具有连续性求解的能力[267,268]。

FLAC 3D为用户提供了十余种材料的本构模型，在对矿井挖掘模拟时，一般采用摩尔-库伦模型，计算过程遵守摩尔-库伦屈服准则[269-271]。在摩尔-库伦模型中，与主应力σ_1，σ_2和σ_3对应的主应变分别为ε_1，ε_2，ε_3。在模型设置过程中，主应力σ_1，σ_2和σ_3应符合以下公式[270,272,273]：

$$\sigma_1 \geqslant \sigma_2 \geqslant \sigma_3 \tag{6-13}$$

与之对应的应变值变化量 $\Delta\varepsilon_1$，$\Delta\varepsilon_2$ 和 $\Delta\varepsilon_3$。$\Delta\varepsilon$ 又可分解为下式：

$$\Delta\varepsilon_i \geqslant \Delta\varepsilon_i^e \geqslant \Delta\varepsilon_i^p \quad i=1,2,3 \tag{6-14}$$

式中，e 为弹性分量，p 为塑性分量，$\Delta\varepsilon_i^p$ 在塑性条件下不为 0，而在弹性条件下变为 0。

主应力变化量和应变变化量的关系可用下式表示[254,270,272]：

$$\begin{cases}\Delta\sigma_1 = \alpha_1 \Delta\varepsilon_1^e + \alpha_2(\Delta\varepsilon_2^e + \Delta\varepsilon_3^e) \\ \Delta\sigma_2 = \alpha_1 \Delta\varepsilon_2^e + \alpha_2(\Delta\varepsilon_1^e + \Delta\varepsilon_3^e) \\ \Delta\sigma_3 = \alpha_1 \Delta\varepsilon_3^e + \alpha_2(\Delta\varepsilon_1^e + \Delta\varepsilon_2^e)\end{cases} \tag{6-15}$$

式中，$\alpha_1 = K + 4G/3$，$\alpha_2 = K - 2G/3$，K 为体积模量，G 为剪切模量。

2）FLAC 3D 计算流程

进行模拟时，需要设定三部分：本构模型关系、有限差分网格、边界和初始条件。采用本构模型和其对应的材料特性，来表征外力作用下材料的力学响应特征；采用有限差分网格来定义搭建模型的几何形状；边界和初始条件用来定义材料模型的初始情况。设定完以上三部分内容后，进而执行初始状态模型求解、开挖程序或变更其他模拟条件，软件则会对外界条件改变做出相应。

3）基本假设条件

煤体多为非均质结构，要想对煤岩体周围的应力分布精确分析，则需要采用模拟软件对模型简化。假设条件如下：

（1）由于各项同性材料计算速度快，且容易找出规律，因此假设钻孔周围煤岩体为各向同性、均质的弹性体，并且没有蠕变性。本构模型采用摩尔-库伦模型。

（2）矿井下煤层的钻孔及施工均属于地下空间开掘，所以采用三维模型来模拟整个开挖施工过程。

（3）对模型进行开挖时，开挖步数忽略不计，模型近似认为是实体，以方便计算。

（4）软件计算过程中和时间有关的变量忽略不计。

6.3.2　钻孔开掘后的原始煤层初始塑性区分布理论

煤体作为非均质结构体，本研究把煤体假设为均质性和各项同性材料，然后进行模拟分析。在煤层中开掘钻孔时，煤层的原始应力状态受到外界条件干扰而产生改变，开掘周围的应力也会重新分布，在缝槽周围或尖端产生应力集中。如果集中应力大于煤岩体力学强度，则煤岩体发生塑性变形；如果应力小于煤岩体的力学强度，则煤岩体只发生弹性变形[274-276]。钻孔周围煤层应力区可分为：原始应力区Ⅲ、弹性变形区Ⅱ和塑性变形区Ⅰ，如图 6－9 所示。

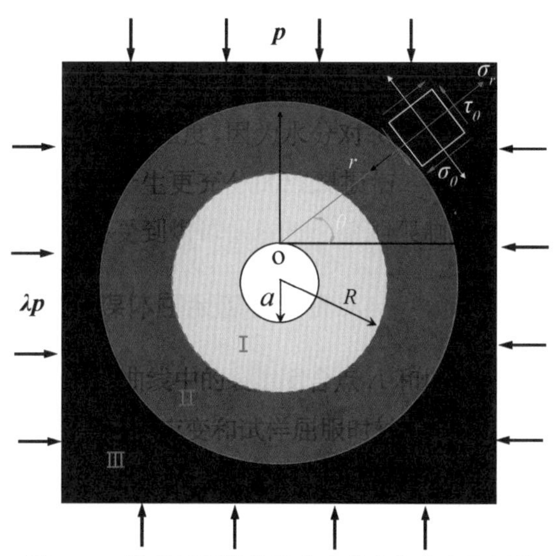

图 6-9 钻孔周围煤体的应力状态和应力区划分

极坐标下的缝槽周围弹性变形区的任一微小单元上的应力解可由下式表示[275-277]：

$$\begin{cases}\sigma_r=\dfrac{1}{2}p(1+\lambda)\left(1-\dfrac{R^2}{r^2}\right)-\dfrac{1}{2}p(1-\lambda)\left(1-4\dfrac{a^2}{r^2}+3\dfrac{a^4}{r^4}\right)\cos2\theta \\ \sigma_\theta=\dfrac{1}{2}p(1+\lambda)\left(1+\dfrac{R^2}{r^2}\right)+\dfrac{1}{2}p(1-\lambda)\left(1+3\dfrac{a^4}{r^4}\right)\cos2\theta \\ \tau_{r\theta}=\dfrac{1}{2}p(1-\lambda)\left(1+2\dfrac{a^2}{r^2}-3\dfrac{a^4}{r^4}\right)\sin2\theta\end{cases} \tag{6-16}$$

式中，σ_r 为径向应力(MPa)；$\tau_{r\theta}$ 为剪切应力(MPa)；σ_θ 为环向应力(MPa)；λ 为侧压系数；a 为钻孔半径(m)；r 和 θ 为极坐标。

通过坐标转换，把极坐标转换成直角坐标后的钻孔周围任一点的最大和最小主应力可表示为[278,279]：

$$\begin{cases}\sigma_1=\dfrac{\sigma_r+\sigma_\theta}{2}+\sqrt{\left(\dfrac{\sigma_r-\sigma_\theta}{2}\right)^2+\tau_{r\theta}^2} \\ \sigma_3=\dfrac{\sigma_r+\sigma_\theta}{2}-\sqrt{\left(\dfrac{\sigma_r-\sigma_\theta}{2}\right)^2+\tau_{r\theta}^2}\end{cases} \tag{6-17}$$

式中，σ_1 和 σ_3 分别为最大和最小主应力(MPa)。

煤体由弹性变形状态转换成塑性变形状态时，应力条件应满足摩尔-库伦破坏准则。一般采用极限主应力 σ_1 和 σ_3 构成的摩尔-库伦破坏准则来定义平衡条件，表达如下式：

$$\sigma_1-\sigma_3=(1+\sin\varphi)\sigma_1+2C\cos\varphi \tag{6-18}$$

式中，φ 为内摩擦角；C 为内聚力(MPa)。

联立上述公式后可得在不等压应力条件下钻孔周围塑性区的边界控制方程，用无量纲

参数 a 表示塑性区大小，表达如下式：

$$f\left(\frac{a}{r}\right)=K_1\left(\frac{a}{r}\right)^8+K_2\left(\frac{a}{r}\right)^6+K_3\left(\frac{a}{r}\right)^4+K_4\left(\frac{a}{r}\right)^2+K_5=0 \qquad (6-19)$$

式中，a 为钻孔半径(m)；r 为极坐标下 θ 对应的塑性区半径(m)。

$K_1=9(1-\lambda^2)$；

$K_2=-12(1-\lambda^2)-6(1-\lambda^2)\cos2\theta$；

$K_3=2(1-\lambda^2)[\cos^2 2\theta(5+2\sin^2 2\theta-\cos^2 2\theta)]+(1+\lambda^2)-4(1-\lambda^2)\cos2\theta$；

$K_4=-4(1-\lambda^2)\cos4\theta-2(1-\lambda^2)\cos2\theta(1+2\sin^2\varphi)+\dfrac{4}{p}(1-\lambda)C\cos2\theta\sin2\varphi$；

$K_5=(1-\lambda)^2-\sin^2\varphi\left[1+\lambda+\dfrac{2C}{p}\dfrac{\cos\varphi}{\sin\varphi}\right]^2$。

通过给定的煤层力学和地层参数即可计算出缝槽周围的塑性区大小，进而得出不同导向钻孔形成的有效塑性区及卸压范围。

6.3.3 模型建立

为了研究不同钻孔参数对液氮的流动及扩散的影响规律，采用 FLAC 3D 对不同导向钻孔参数及其相互组合对煤层塑性区的改造参数。液氮的流动又与煤层的原始塑性区密切相关。在液氮注射煤层过程中，液氮会沿着塑性区进行扩散流动，致裂范围也沿着钻孔原始塑性区进行叠加。

按照平煤首山一矿开采煤层己$_{15}$的地质状况，用 FLAC 3D 分别在不同施工参数下进行三维建模，建模时根据需要进行简化。模型采用直角坐标系，坐标轴标定如下：回采方向定义为 Y 轴方向，平行于重力方向定义为 Z 轴方向，垂直于 Y 和 Z 轴方向为 X 轴方向。采用软件内置网格生成器来生成网格，网格为六面体并自动划分。模型顶面为上覆岩层应力，模型底部采用固定支撑，四周为铰支边界，如图 6-10 所示。对本模型施加的压力为不等压

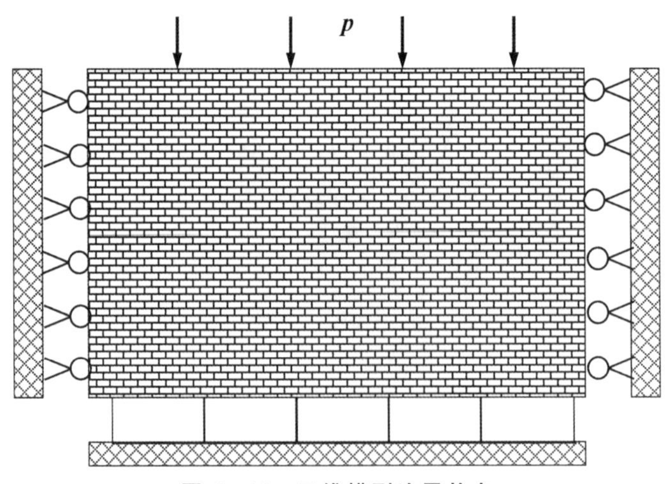

图 6-10　三维模型边界状态

压力，测压系数为0.5，根据煤层埋深为1000 m，设定垂直应力约为20 MPa，方向向下，水平应力为10 MPa。

模拟煤层表现出近似弹-塑性特征，当外界应力在煤层强度之内时，煤层表现出弹性状态；当应力超过应力极限，煤层则发生塑性变形。本模型采用摩尔-库伦屈服准则判断屈服，煤岩体的抗剪强度为[278-282]：

$$f_s=\sigma_1-\sigma_3\frac{1+\sin\varphi}{1-\sin\varphi}-2C\sqrt{\frac{1+\sin\varphi}{1-\sin\varphi}} \tag{6-20}$$

式中，f_s为抗剪强度；σ_1和σ_3分别为最大和最小主应力(MPa)；φ为内摩擦角。

当$f_s>0$时，煤体产生塑性变形。弹-塑性模型中需要设定煤层的剪切模量等物理力学参数，如表6-1所示。

表6-1　煤层物理力学参数表

煤层	密度 /kg·m^{-3}	抗拉强度 /MPa	体积模量 /GPa	剪切模量 /GPa	粘聚力 /MPa	内摩擦角 /°
己$_{15}$	1 450	0.5	6.4	3.41	1.8	28

为了研究不同的钻孔条件对煤层初始塑性区的影响，本书就不同钻孔直径、不同导向钻孔长度、多排钻孔不同导向钻孔长度、不同注射钻孔深度和不同注射钻孔间距、不同导向钻孔间距5组变量进行建模研究，三维模型如图6-11所示。

(a) 单组钻孔变量三维模型图

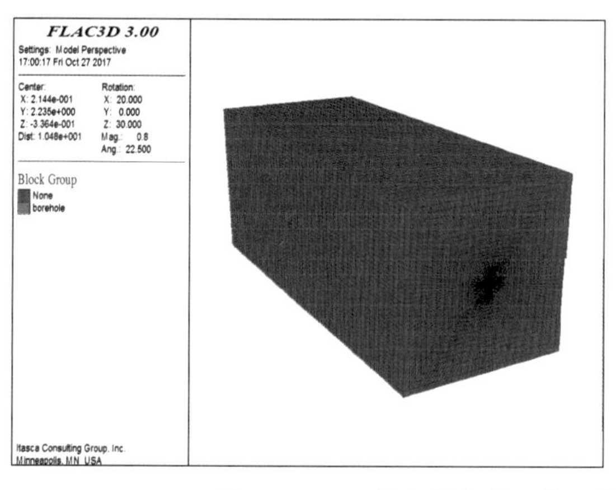

(b) 多组钻孔变量三维模型图

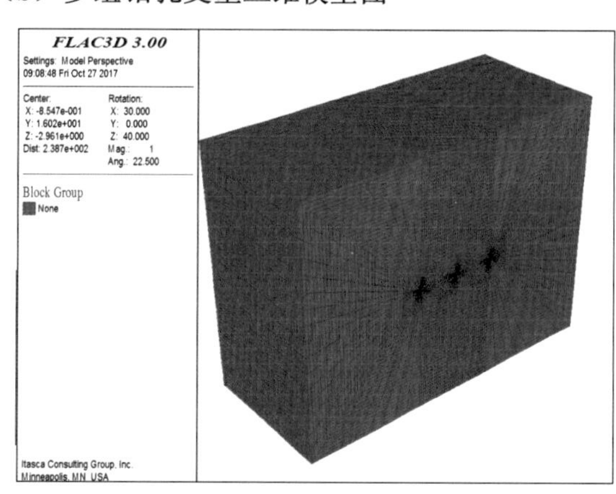

图6-11　不同变量条件下的三维模型图(*a*)单组钻孔；(*b*)多组钻孔

不同变量建模尺寸和模型单元数如下：

1）不同注射钻孔直径三维建模参数

模型有 240 000 个单元，244 851 个节点，模型长、宽、高分别为 5 m、2 m、2 m。

2）不同导向钻孔长度三维建模参数

模型有 480 000 个单元，489 541 个节点，模型长、宽、高分别为 10 m、6 m、6 m。

3）多排钻孔不同导向钻孔长度三维建模参数

模型有 360 000 个单元，371 691 的节点，模型长、宽、高分别为 10 m、80 m、60 m。

4）不同注射钻孔深度和不同注射钻孔间距三维建模参数

模型有 608 000 个单元，627 561 的节点，模型长、宽、高分别为 20 m、100 m、60 m。

5）不同导向钻孔间距三维建模参数

模型有 497 280 个单元，502 183 的节点，模型长、宽、高分别为 35 m、80 m、60 m。

6.3.4 影响液氮流动的因素

根据液氮致裂技术的应用方案，随着导向钻孔的钻进，周围煤层应力状态发生变化，当开掘周围煤体的集中应力超过煤体极限应力时，煤层则产生塑性破坏。离开掘距离越远受开挖扰动越小，进而出现不同的应力状态。沿着钻孔或者缝槽径向分别呈现塑性区、应力集中区和原始应力区。下面对钻孔直径、导向钻孔长度、导向钻孔深度和注射钻孔间距、导向钻孔间距 4 个因素进行分析。

1）钻孔直径

在各种不同参数下应力分布状态基本一致，但是塑性区大小不一样。可根据塑性区的不同判断出液氮的初始流动状态和冷量传递范围。应力集中一般出现在物体的形状突然变化的区域，比如缝槽尖端。应力集中会使得物体产生疲劳裂隙，这些裂隙就形成了液氮流动的空间。

通过 FLAC 3D 对钻孔直径为 0.1 m、0.2 m 和 0.3 m 进行建模分析，研究了不同钻孔直径下煤层中钻孔周围的应力分布和塑性区分布状态，如图 6－12 和图 6－13 所示。

研究发现随着钻孔直径的增加，钻孔周围的应力集中区和塑性区面积也越来越大，如图 6－12 和图 6－13 所示。因此，液氮传播范围也与钻孔直径正相关。且在设定条件下，煤层的塑性区呈现蝶形，这也就决定了液氮的初始流动轨迹。

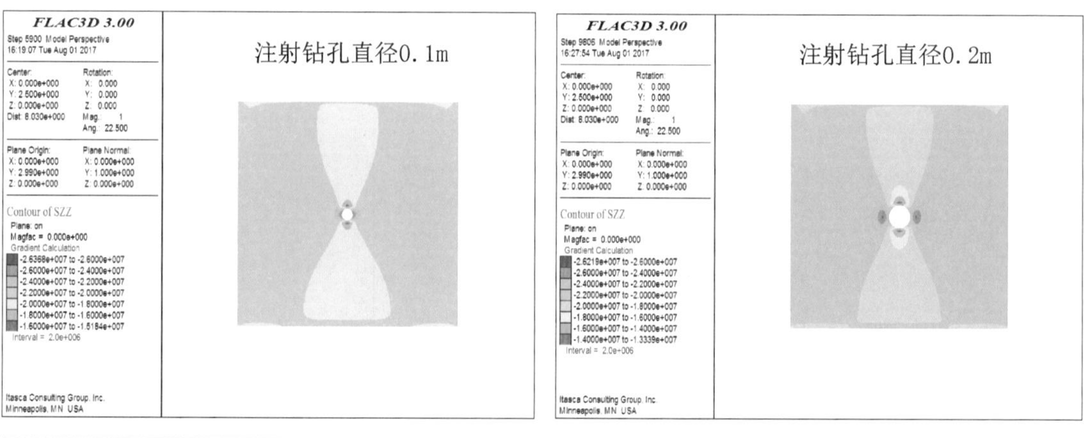

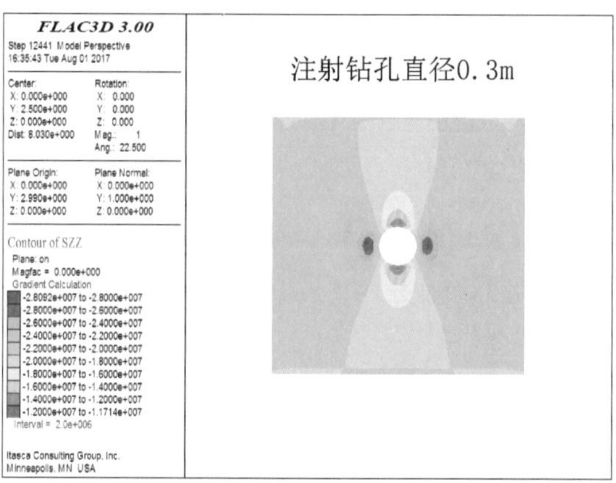

图 6-12　不同钻孔直径下煤层中应力分布云图

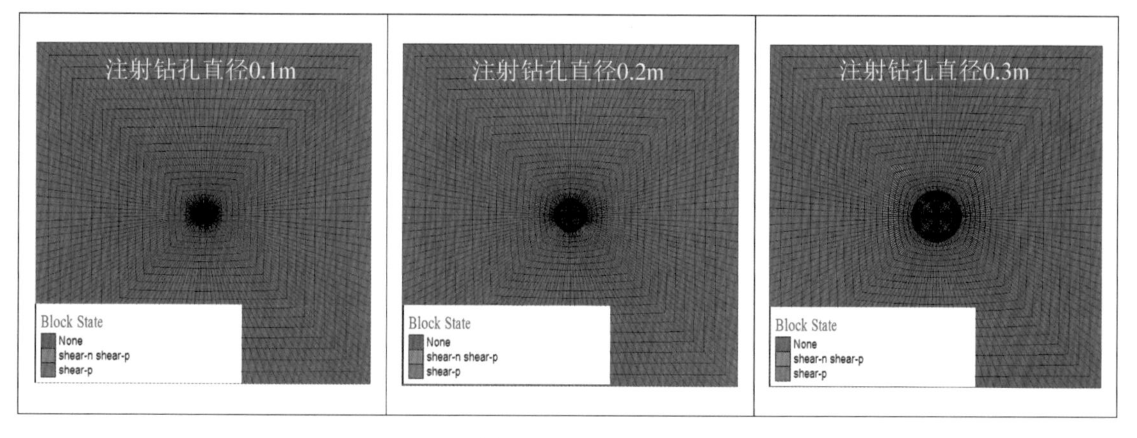

图 6-13　不同钻孔直径下煤层中塑性区分布图

2）导向钻孔长度

在模型中，通过改变参数命令，分别模拟了导向钻孔长度为 0.5 m、1.5 m、3 m 和 4.5 m 的煤层应力状态的变化。

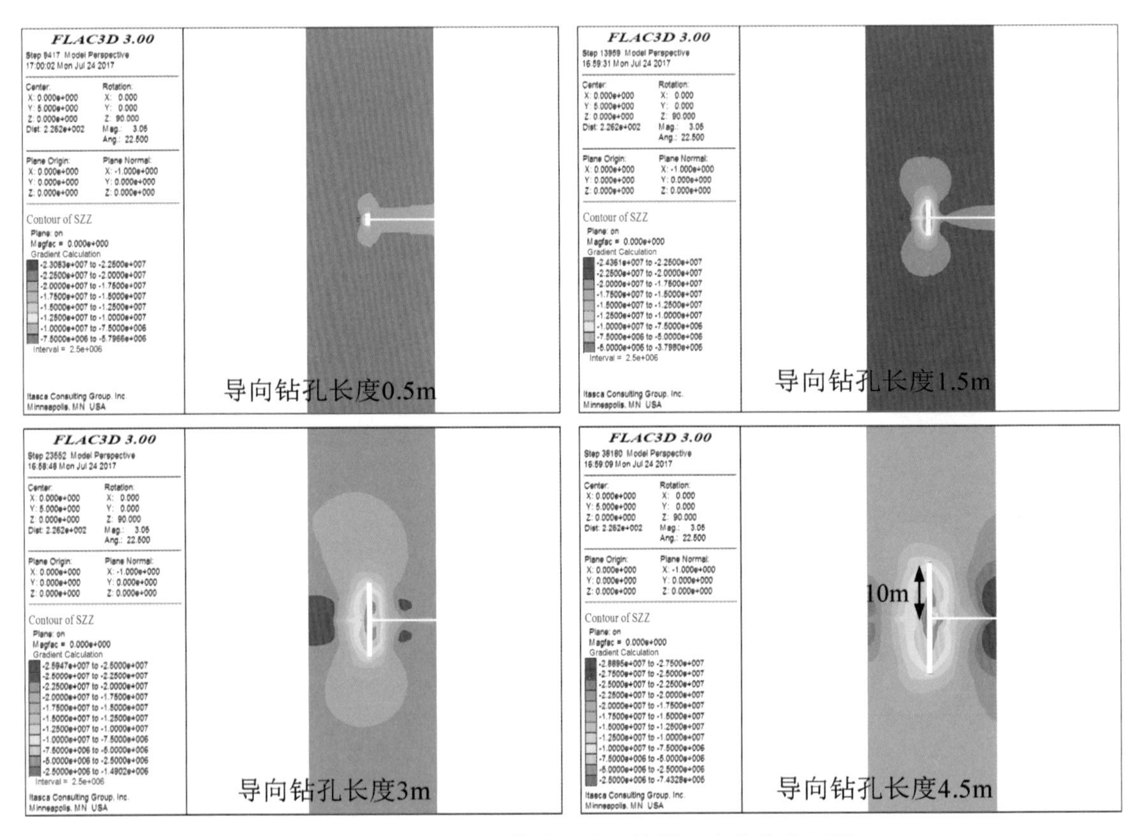

图 6-14　不同导向钻孔长度下的煤层应力分布云图

图 6-14 列出了不同导向钻孔长度下煤层的应力分布云图，图 6-15 列出了不同导向钻孔长度下的煤层的塑性区分布。可以看出，随着导向钻孔长度的增加，煤层中应力集中区和塑性区的范围也逐渐扩大。

图 6-16 列出了钻孔钻进过程中煤层中应力分布的变化情况。随着钻孔的钻进过程推进，煤层中应力逐渐发生变化，当实施导向钻孔后，煤层应力集中区进一步扩大，且主要影响区域是已钻进区域，对未实施导向钻孔的前方区域影响不大。所以在现场设定施工方案时，采取多排导向钻孔同时注射液氮来扩大液氮的致裂区域。

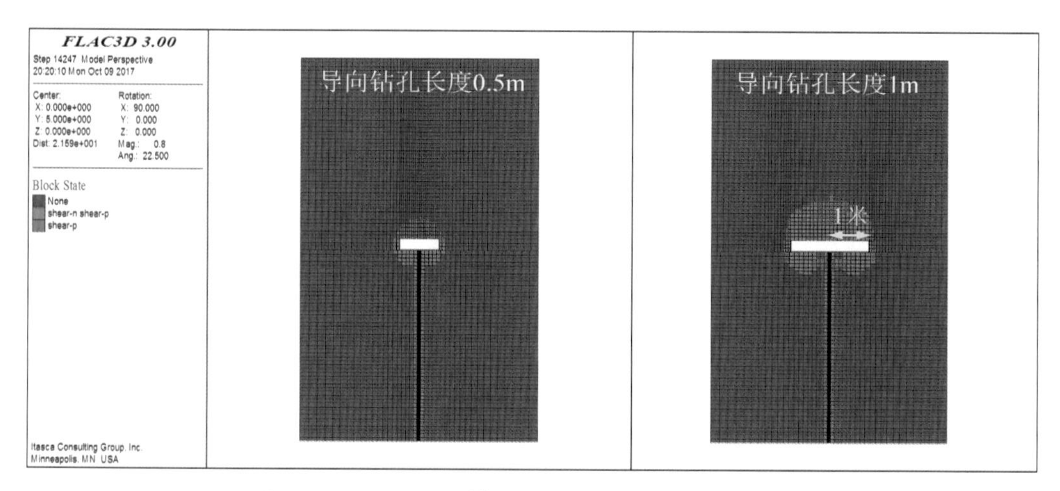

图 6－15　不同导向钻孔长度下的煤层塑性区分布图

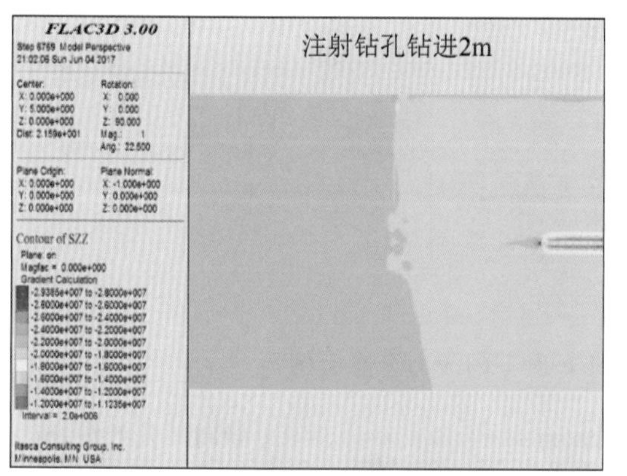

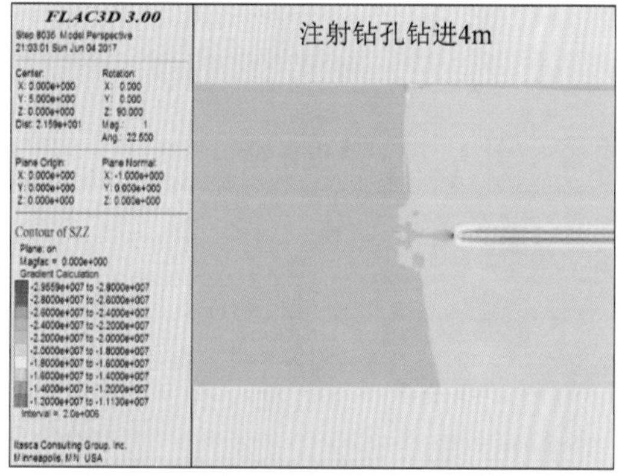

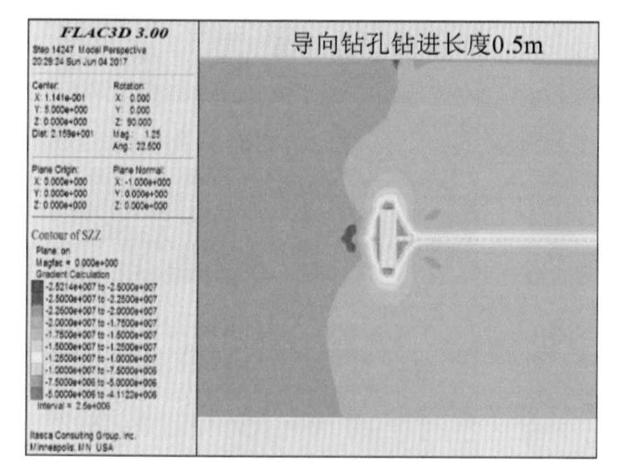

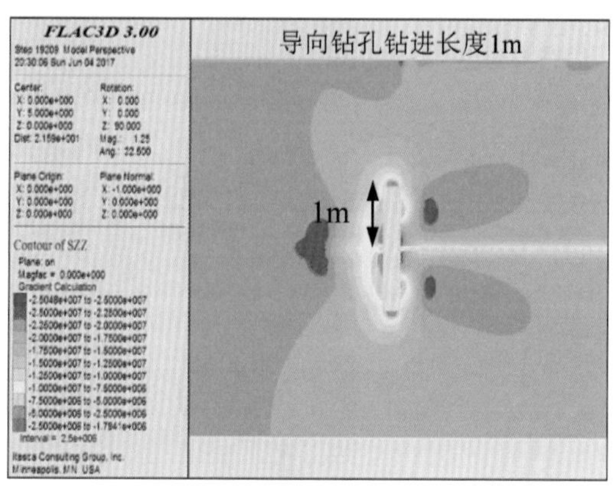

图 6－16　注射钻孔钻进及导向钻孔钻进过程中应力变化云图

图 6－17 和图 6－18 列出了 3 排固定 10 m 间距钻孔在不同导向钻孔长度下，导向钻孔周围区域应力分布的相互影响关系。

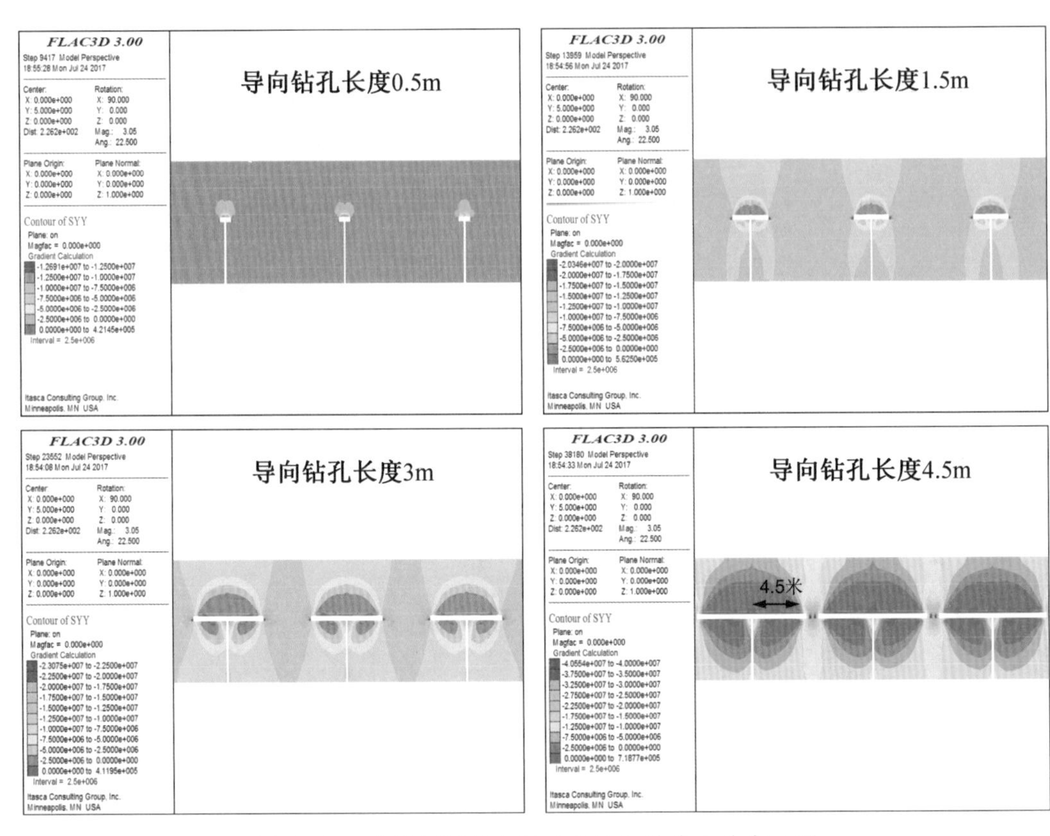

图 6－17　多组不同导向钻孔长度下的应力分布云图

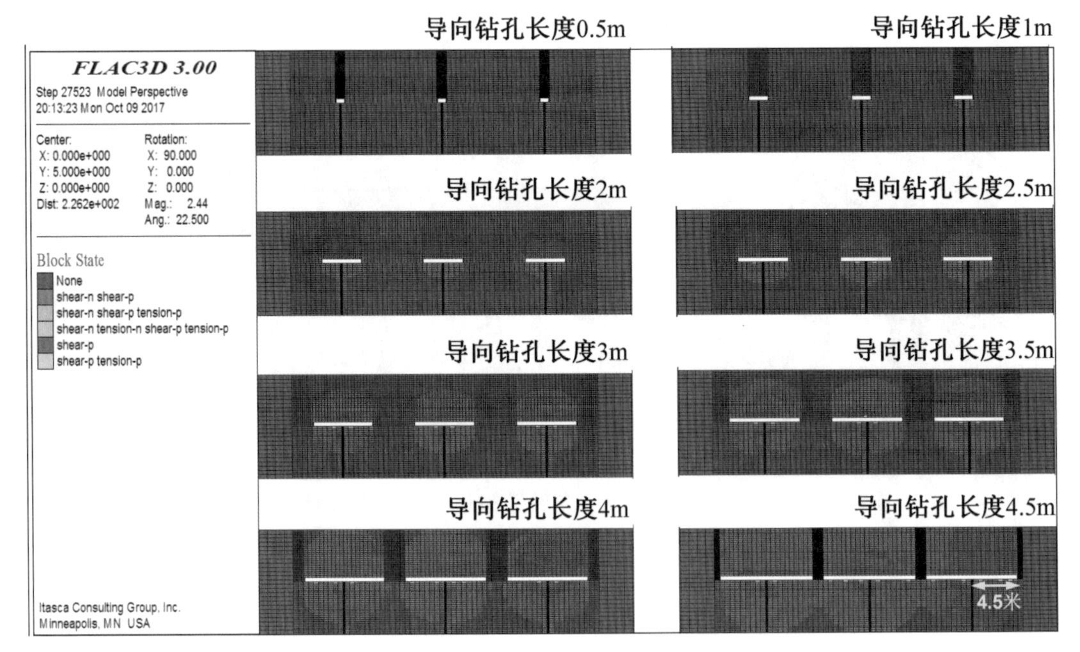

图 6－18　多组不同导向钻孔长度下的塑性区分布图

从图中可以看出，当导向钻孔长度为 0.5 m、1.5 m 和 3 m 时，各个不同导向钻孔影响区域之间几乎没有影响。当导向钻孔长度扩大到 4.5 m 时，导向钻孔区域之间产生了相互重叠的应力集中区。因此，从能源利用和提高致裂效率的角度，要合理的设计导向钻孔长度，让钻孔实现初始的导向作用，然后让液氮实现主体的致裂作用。合理安排导向钻孔数量和长度，让低温液氮致裂技术产生最大的致裂区域。

3）导向钻孔深度和注射钻孔间距

合理地优化钻孔的施工方案可以有效地提高致裂的范围和致裂效率。图 6-19 和图 6-20列出了“高低高”模式不同导向钻孔深度的应力和塑性区变化规律。设定注射钻孔直径为 0.1 m，导向钻孔长度为 3 m，长钻孔为 10 m，并分别模拟了不同长度的导向钻孔深度组合下的相互影响关系。分别是与最深导向钻孔间距为 0 m、2.5 m、5 m 和 7.5 m。从图中可以看出不同的导向钻孔深度的组合具有不同的影响区域范围，导向钻孔间距 0 m 时，影响范围最小，导向钻孔间距为 7.5 m 时，影响范围最大，但是因为

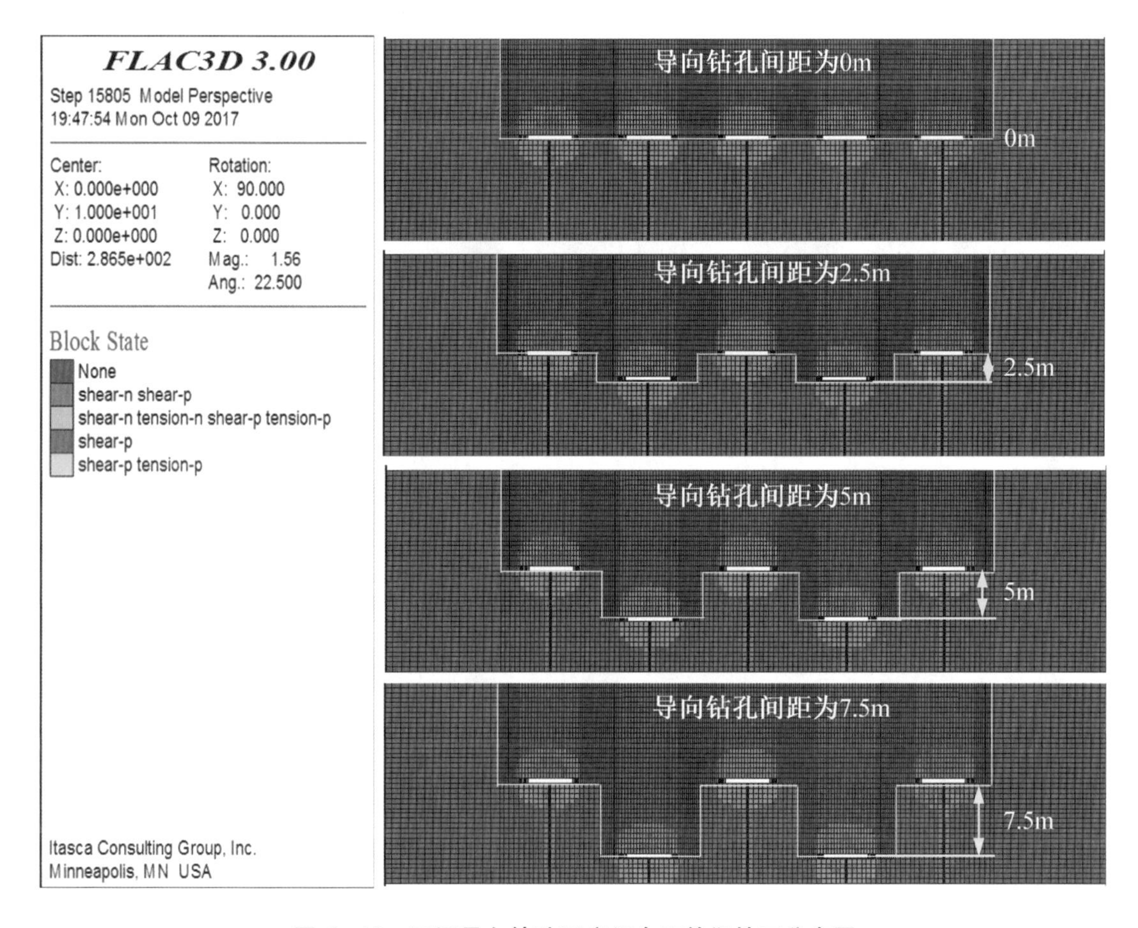

图 6-19 不同导向钻孔深度组合下的塑性区分布图

各导向钻孔间距过大会导致液氮并不能有效沟通和连接它们之间的区域。因此，在选择导向钻孔长度时，还要考虑液氮的实际致裂区域，以液氮能有效致裂不同导向钻孔之间区域为宜。

同时，图 6-20 还模拟了固定导向钻孔长度不同注射钻孔间距下各区域间的塑性区分布情况。设定钻孔直径为 0.1 m，导向钻孔长度为 3 m，长钻孔为 10 m，短钻孔为 5 m，分布模拟了注射钻孔间距为 10 m、15 m 和 20 m 的情况。

从图中可以看出，不同的钻孔间距具有不同的应力和塑性区影响范围，钻孔间距为 10 m 时，各个导向钻孔间塑性区能够相互影响，并有一定的重叠区域，当钻孔间距为 15 m 时，各个导向钻孔区域没有了相互影响的区域。因此，钻孔间距也是影响液氮致裂范围和效率的重要因素。钻孔间距过小则影响致裂的效率，钻孔间距过大则不能有效地致裂整个煤层。因此，设计合理的钻孔间距是提高液氮致裂效率的关键因素。

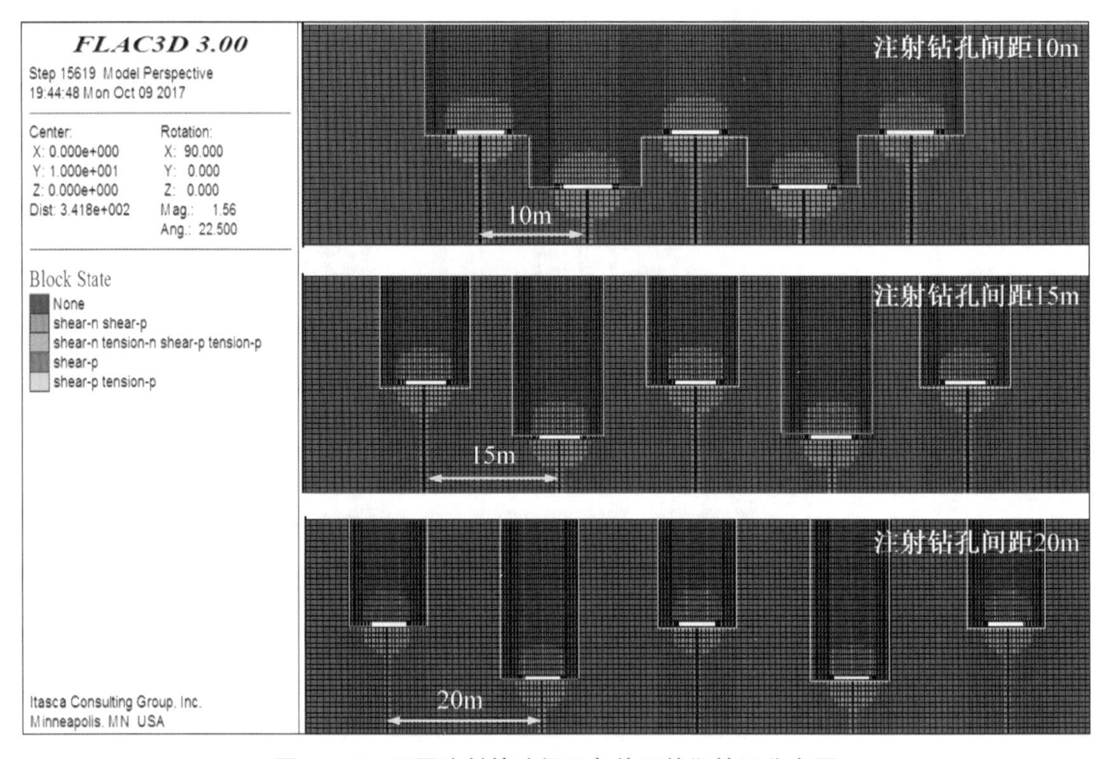

图 6-20 不同注射钻孔间距条件下的塑性区分布图

4）导向钻孔间距

此外，本书还模拟了多排不同间距导向钻孔之间的应力和塑性区影响区域。设定钻孔直径为 0.1 m，导向钻孔长度为 3 m，分别模拟了导向钻孔间距为 3 m、5 m、7 m 和 10 m 的情况。

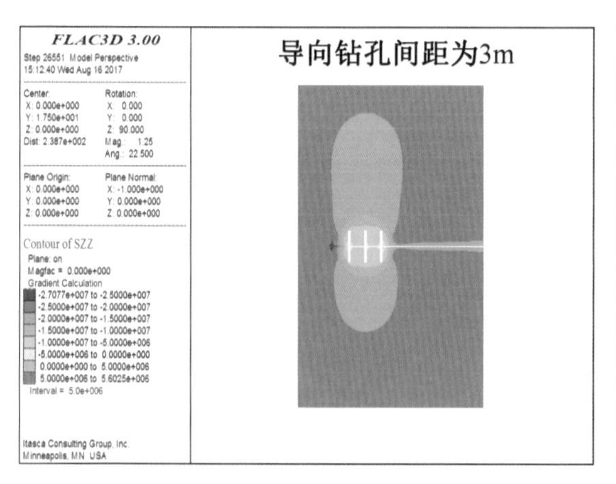

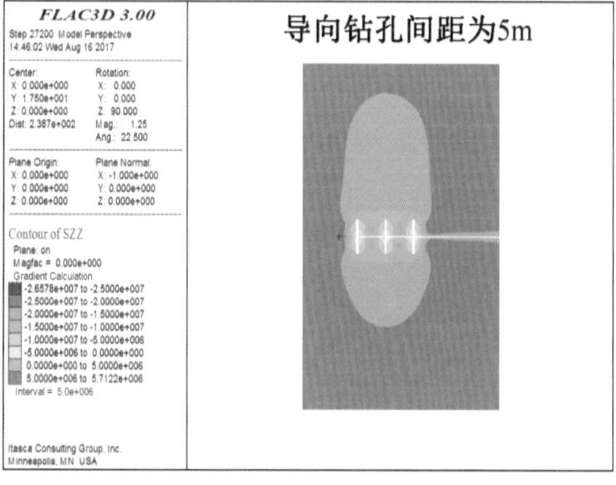

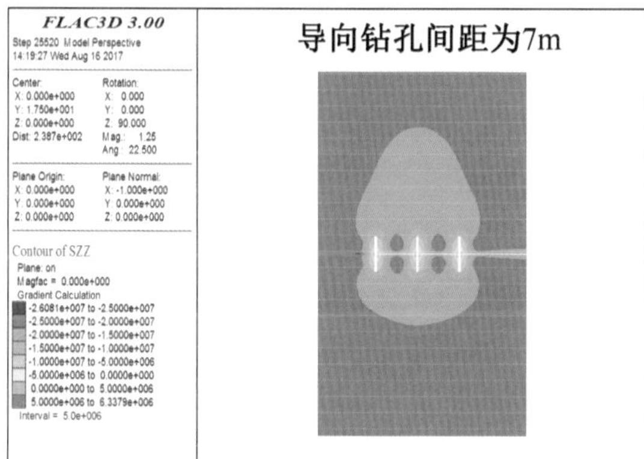

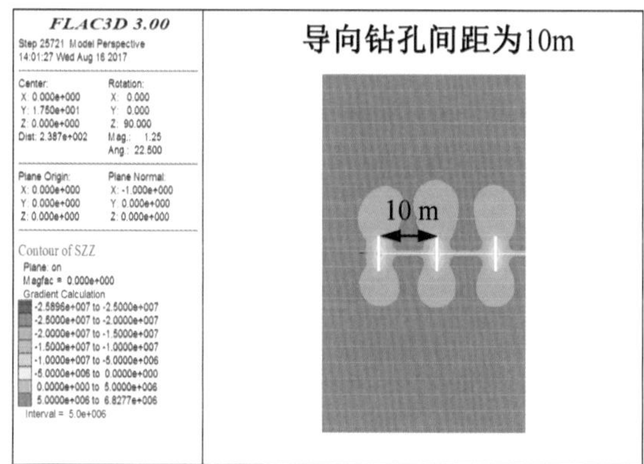

图 6－21　不同并排间距导向钻孔下煤层应力分布云图

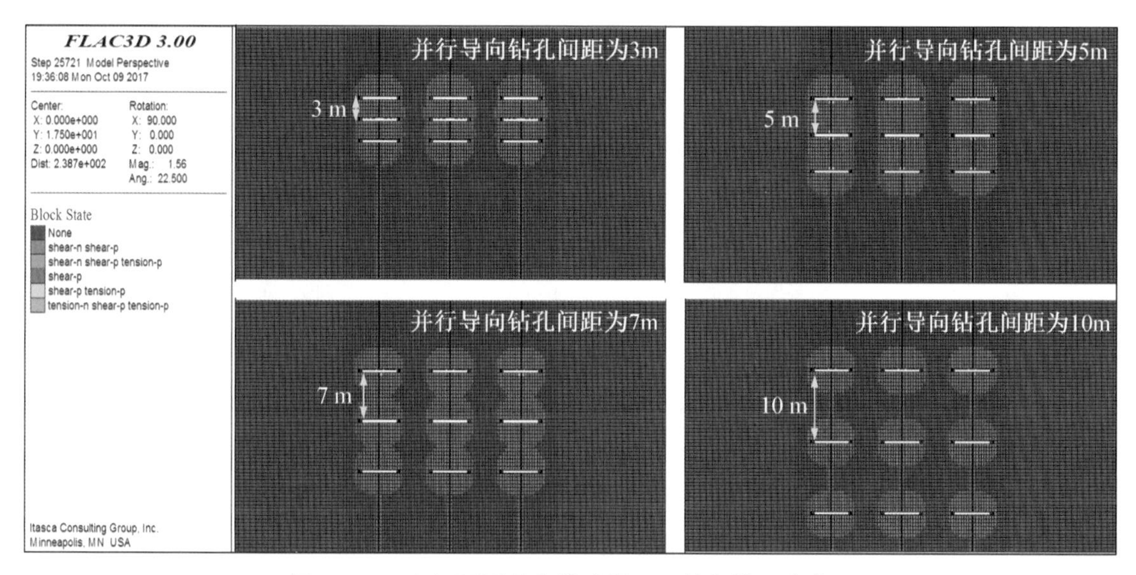

图 6－22　多组不同导向钻孔间距下的塑性区分布图

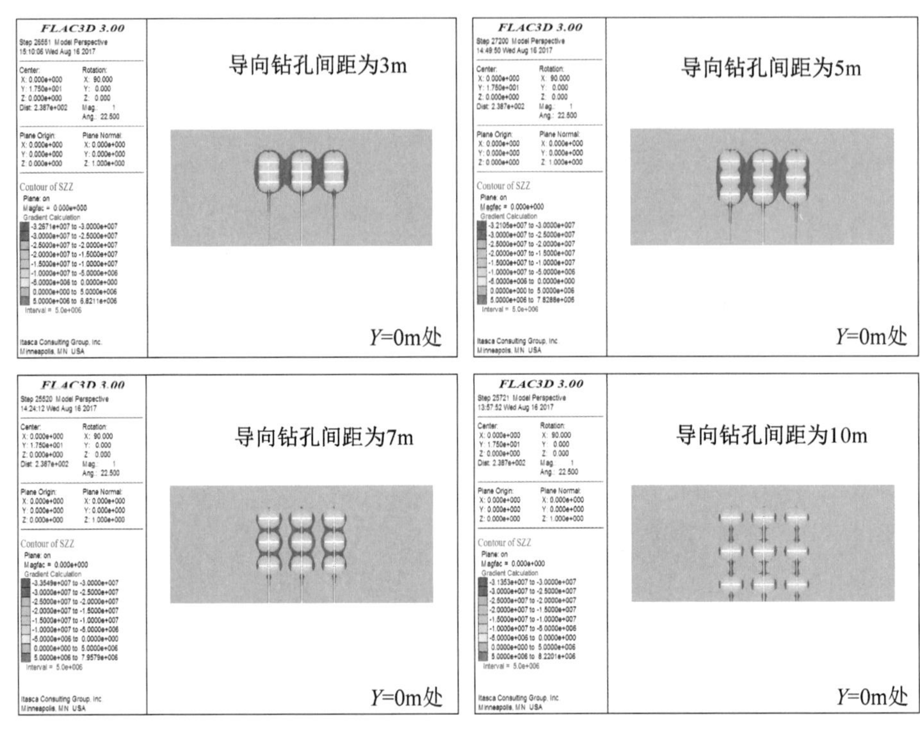

图 6-23　多组不同导向钻孔间距下的应力分布云图($Y=0$ m 处)

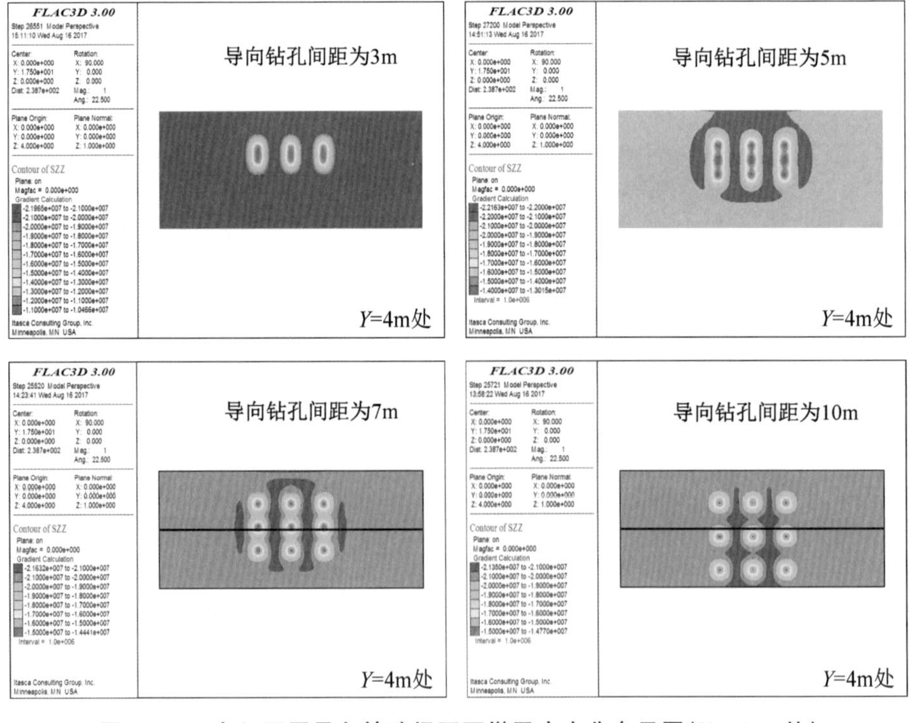

图 6-24　多组不同导向钻孔间距下煤层应力分布云图($Y=4$ m 处)

图 6-21 模拟了单个钻孔不同并排间距导向钻孔的应力分布云图;图 6-22 到图 6-24 列出了多组钻孔不同导向钻孔间距下煤层应力分布云图和塑性区分布图。从图中可以看出,不同的导向钻孔间距对煤层初始应力分布和塑性区具有很大的影响,导向钻孔间距过小则塑性区重叠,但是影响液氮流动的范围过小。当导向钻孔间距过大时,各个导向钻孔区域之间距离过远,可能导致不能充分致裂。

综合上述四个影响液氮致裂范围的因素分析,钻孔直径、导向钻孔长度、导向钻孔深度和注射钻孔间距、导向钻孔间距均对液氮的流动和致裂效率产生影响。在现场施工时,应结合液氮的致裂范围合理地设计不同钻孔间距、不同导向钻孔长度、不同导向钻孔间距和不同组合方式,以期实现最大的液氮致裂范围和致裂效率。

6.4 本章小结

本章探讨了液氮低温循环致裂作用下的致裂增透机制,并在此基础上提出了液氮循环致裂增透技术在煤层致裂增透方向的应用设想。基于水冰相变和液氮汽化膨胀,研究了液氮循环致裂煤体的致裂机制。主要获得以下结论:

(1) 液氮循环注入致裂煤体抽采煤层气方法的设计方案是通过在煤体施工导向钻孔后,利用液氮注射系统通过导向钻孔将液氮输送到指定煤层区域。通过控制合理的循环次数和冻结时间对煤层进行循环压裂。在液氮注入煤体过程中液气相变、水冰相变所产生的冻结致裂、膨胀致裂、低温致裂三重力学机制下,煤体会产生疲劳损伤破坏,煤体内部裂隙弱面更易扩展、延伸。循环的疲劳加载促使煤体中瓦斯吸附孔隙打开,瓦斯解吸并流动到渗流空间,同时渗流裂隙网络的连通,形成良好的瓦斯抽采条件。

(2) 构建了液氮注射过程中裂隙内的气体、液体、固体三重致裂计算模型。由于煤体中存在大量的初始裂隙且多为Ⅰ型张开型裂隙,因此把裂隙模型简化平面模型。把应力强度因子模型分为:地应力作用下的应力强度因子、孔壁压力应力强度因子以及裂隙压力应力强度因子。当裂隙的应力强度因子大于总应力强度因子时煤体中裂隙开始扩展。

(3) 随着钻孔的钻进,周围煤层应力状态发生变化,当开掘周围煤体的集中应力超过煤体极限应力时,煤层则产生塑性破坏。可根据塑性区的不同判断出液氮的初始流动状态和冷量传递范围。钻孔直径、导向钻孔长度、导向钻孔深度和注射钻孔间距、导向钻孔间距均对液氮的流动和致裂效率产生影响。在现场施工时,应结合液氮的致裂范围合理地设计不同钻孔间距、不同导向钻孔长度、不同导向钻孔间距和不同组合方式以期实现最大的液氮致裂范围和致裂效率。

(4) 液氮具备高压缩率、高汽化率和高储能等优势。由于冰的不可流动性和水冰相变的膨胀性，使得液氮致裂具有传统流体压裂不具备的致裂效率。液氮致裂技术在增加煤储层透气性、提高煤层气抽采效率等方面具有诸多优势，有望成为煤层气高效开发的重要手段之一，并可作为今后非常规天然气开发的重要技术手段。

7 主要结论、创新点及展望

7.1 主要结论

本书提出了一种煤储层循环式液氮压裂技术，该技术利用循环冻融、汽化等多重效应来增加煤储层渗透率，提高煤层气产量。煤体在水冰相变冻胀力、液氮汽化膨胀力以及低温液氮对煤体的损伤共同作用下，促使宏观裂隙和微观裂隙扩展连通，构成裂隙网，增加煤层透气性。该方法基于冻融侵蚀以及重复致裂作用，具有较强的煤层适用性，可实现煤层气快速高效抽采的目的。由于冰的不可流动性和水冰相变的膨胀性，使得液氮致裂具有传统流体压裂不具备的致裂效率。因此，该方法在抽采煤层气中具有广阔的应用前景。研究液氮致裂煤体的孔隙结构变化及其致裂机制对该技术的应用具有重要的意义。本书紧紧围绕以研究液氮致裂煤体的作用机制和物性变化规律为目标，搭建了液氮致裂测试系统，开展了低透气性煤储层液氮循环致裂煤体孔隙演化规律研究。为模拟原位地层下液氮致裂技术的传热特征和裂隙扩展过程，分析了真三轴围压下液氮注射过程中试样的传热与致裂特征。并基于实验结果研究了液氮循环致裂煤体的致裂机制。主要获得以下结论：

(1) 孔隙随着液氮致裂时间的增加逐渐连通，其中煤体中较小尺寸孔隙连通为较大尺寸孔隙，逐渐构成流体的渗流裂隙网络，煤体中密闭空间比例逐渐减小，自由流体空间和总体空间比例增加，使得煤体孔隙度和渗透率增加。煤体的有效孔隙度和总孔隙度增量率均同致裂时间和致裂循环次数正相关；煤体残余孔隙度增量率同致裂时间和致裂循环次数负相关。致裂循环比致裂时间对渗流孔增长率条件的影响更大，致裂循环更有利于产生较大尺寸的渗流孔。通过控制合理的致裂循环次数可实现煤体致裂的高效性。

(2) 通过研究液氮致裂时间、致裂循环次数、煤体含水率和煤变质程度对煤体的改造，发现液氮致裂时间对煤体孔隙度和渗透率的改造有限，随着时间的增加，改造作用越来越小；致裂循环次数对孔隙结构影响巨大，尤其是瓦斯渗流孔隙，对孔隙度和渗透率的改造则随着致裂次数逐渐增加，对形成良好的抽采条件具有很大的促进作用；煤体含水率越大煤体增透效果也越好，但是受到煤体饱和含水率的限制；煤阶不同对液氮增透效果也不同，主要受煤体初始孔隙度影响，一般情况下，增透效果：褐煤＞无烟煤＞烟煤。

(3) 基于核磁共振方法研究了液氮致裂煤体内部孔隙的分形维数特征。根据煤体孔隙中的流体状态和孔径大小，把致裂煤体内部孔隙的分形维数分为 5 种。致裂煤体的密闭孔隙的分形维数 D_{ir}的平均值为 2.59；开放孔隙的分形维数 D_F的平均值为 2.23；吸附孔分形维数 D_A的平均值为 1.38；渗流孔分形维数 D_S的平均值为 2.92；总孔隙的分形维数 D_T的平均值为 2.31。按照 D 的数值大小排序：$D_S > D_{ir} > D_T > D_F > D_A$。结果表明吸附孔分形维数 D_A小于 2，吸附孔不具有分形特征；束缚水状态和饱和水状态的分形维数 D_{ir}和 D_T拟合不规律，密闭孔隙的分形特征不明显；自由水状态的分形维数 D_F和渗流孔分形维数 D_S拟合度高，开放孔隙和瓦斯渗流孔隙具有很好的分形特征。且 D_F和 D_S与液氮致裂时间和致裂循环次数负相关。可见致裂煤体孔隙结构具有多重分形结构，且自由流体状态对应的开放孔隙和煤层气的渗流孔隙具有明显的分形特征，其他孔隙分形特征不明显或者不具有分形特征。研究发现，D_F取值范围最大，拟合精度最高，且自由孔隙度（开放孔隙）对煤体渗透率的改造具有关键作用。

（4）分形维数越小，孔隙分布越均匀，连通程度越高，越有利于煤层气的产出。得出循环式的液氮致裂相比持续的液氮致裂更有利于煤层气的产出。表面分形维数变大，说明表面越来越粗糙，产生了更多的裂隙；孔隙内部分形维数变小说明孔隙间相互连通使得孔隙内部复杂性越来越小，更平整的孔隙结构特征更有利于煤层气的运移和产出。

（5）液氮致裂会对煤体力学参数和孔隙特征产生很大影响。煤体经过液氮致裂处理后，煤体中裂隙逐渐扩展延伸，裂隙长度和宽度随着致裂时间和致裂循环次数增加逐渐增大，导致缺陷面积增大，而由于应力损伤导致的有效承载面积减小，有效应力随之升高，导致了煤样力学强度降低。力学强度的降低导致了煤体在压缩过程中弹性阶段缩短并加速了煤样的屈服破裂。致裂煤体应变绝对值（轴向和环向）随着液氮致裂时间、致裂循环次数和煤体含水率的增加而减小。煤体单轴抗压强度和弹性模量，与液氮致裂时间和液氮致裂循环次数负相关，与煤体含水率正相关；煤体泊松比反之。煤体的单轴测试数据和声发射分析结果具有一致性。基于以上结果，得到了致裂变量对煤体力学参数的损伤公式。

（6）致裂损伤变量 D_E随着液氮致裂时间增加到 0.12 左右基本停止损伤，但随着致裂循环次数的增加损伤变量 D_E则持续增大，且在致裂 20 次循环后有一个损伤加速的过程。致裂循环相比单次液氮致裂会对煤体造成更大程度的持续性损伤。超声波波速与煤体渗透率负相关，且致裂损伤变量 D_E与煤体含水率负相关，表明含水率越低对煤体弹性阶段损伤越大，但含水率对煤体的致裂损伤受到饱和含水率的限制。根据应变分析结果发现煤体在液氮致裂 60 min 过程中分为冻缩区间Ⅰ、冻胀区间Ⅱ、冻缩区间Ⅲ和冻胀区间Ⅳ，基于这一结论构建了煤体液氮循环致裂过程的单裂隙力学模型。

（7）根据声发射定位数据，发现单次液氮注射过程中试样的损伤只出现在注射管附近，而不能持续扩散，单次注射过程中试样内外部温度下降到一定值后便停止，试样内部没有形成有效裂隙，主要是通过固体进行冷量的传递；循环式液氮注射过程，试样会随着主裂隙的贯通，在试样整体范围形成塑性变形区域，液氮的冷量沿着裂隙能更快地传递。循环式液氮注射相比单次注射，试样内部出现了更多的裂隙，具有冻结过程降温快和融化过程升温快的特点。在相同的注射时间下，循环式注射的制冷范围远远大于单次注射。

(8) 通过分析液氮注射的细观致裂机制，得出试样骨架密度越小，初始含水量越大，水结冰膨胀形成的冻胀力越大；温度梯度越大，迁移水流量越大，迁移聚冰产生的冻胀量越大；颗粒的收缩变形量和颗粒的固有性质有关；压缩压密变形量和试样的围压环境有关。在流动状态下，高压氮气促使水分运移至新裂隙尖端的过程，使每次液氮冻结均能形成有效冻胀力，是循环式注射在裂隙尖端形成有效冻胀力和冷量不断向外传递的必要条件，这也是单次液氮注射所达不到的。因此，循环式液氮注射技术可以作为一种高效的煤层致裂手段和煤层气开发技术。

(9) 分析了液氮低温循环致裂作用下的致裂增透机制，并在此基础上提出了液氮循环致裂增透技术在煤层致裂增透方向的应用设想。液氮循环致裂煤体抽采煤层气方法的设计方案是通过在煤体施工导向钻孔后，利用液氮注射系统通过导向钻孔将液氮输送到指定煤层区域。通过控制合理的循环次数和致裂时间对煤层进行循环压裂。在液氮注入煤体过程中液气相变、水冰相变所产生的冻结致裂、膨胀致裂、低温致裂三重力学机制下，煤体会产生疲劳损伤破坏，煤体内部裂隙弱面更易扩展、延伸。循环的疲劳加载，促使煤体中瓦斯吸附孔隙的打开，瓦斯解吸并流动到渗流空间，同时渗流裂隙网络的连通，形成良好的瓦斯抽采条件。在现场施工时，应结合液氮的致裂范围合理地设计不同钻孔间距、不同导向钻孔长度、不同导向钻孔间距和不同组合方式以期实现最大的液氮致裂范围和致裂效率。液氮致裂技术在煤储层改造方面具有诸多优势，有望成为煤层气高效开发的重要技术之一。

7.2 创新点

1) 提出了一种基于液氮致裂的煤层增透技术及方法

基于液氮循环对煤体致裂的规律，提出一种基于导向钻孔的液氮循环致裂增透抽采煤层气方法；证明了液氮致裂煤层改善煤体孔隙结构的可行性，研究了液氮致裂煤体的致裂机制并提出液氮致裂煤体抽采煤层气的应用思路。

2) 获得了液氮注入参量与煤体破裂特征参量之间的关系

研究了煤体液氮致裂疲劳损伤破坏规律；发现液氮煤体损伤致裂的力学过程并揭示了不同荷载形式下裂隙演化规律、煤体的损伤破坏特性及煤体的物理力学参数变化特征；提出了液氮致裂裂隙控制与致裂效果评价方法。

3）揭示了液氮致裂过程中煤体宏观—微观裂隙空间扩展、连通规律及液氮致裂增透机制

通过多物理场耦合的方法研究了液氮注入煤体过程中液气相变、水冰相变所产生的冻结致裂、膨胀致裂、低温致裂三重力学作用机制；分析了液氮注入后在煤体中的传热传质规律，建立液、气流体在煤体裂隙内的渗流模型；揭示了循环式注射在裂隙尖端形成有效冻胀力和高效致裂的必要条件。

7.3 展望

液氮致裂增透技术作为一种无水化致裂措施受到了广泛的关注，研究液氮致裂过程中孔隙结构的演化规律及其致裂机制意义重大，本书采用实验测试、数值模拟和理论分析等方法研究了液氮循环致裂煤体孔隙结构演化特征及增透机制，取得了一些研究成果。但是受理论水平和实验条件的限制等诸多因素，本课题的研究还不够完善，还有很多方面的科学问题需要进一步地研究和探索。主要有以下几点：

（1）深部煤层致裂抽采瓦斯过程中，煤岩体处于三向受力状态，且煤体结构和瓦斯赋存状态均受地层应力、温度和瓦斯压力的影响。由于实验设备的限制，本书并没有考虑温度、应力和瓦斯同时作用时液氮致裂对煤岩体结构的改造规律，所以下一步需要研发与核磁共振配套的设备，以实现温度、压力、瓦斯共存时，利用核磁共振平台进行液氮致裂煤岩体过程中的孔隙变化、裂隙成像、吸附解吸、渗流、驱替等测试实验。

（2）本书尚未涉及液氮冻结对煤体瓦斯吸附解吸机理的研究，主要从煤体孔隙度、渗透率等方面反映了致裂效果。关于液氮对煤体瓦斯吸附解吸方面尚未研究，今后拟补充液氮冻结对煤体瓦斯吸附解吸、驱替、运移和扩散等方面的研究。

（3）实验系统需要进一步开发完善。在力学实验方面，拟进行含瓦斯气体的煤体力学实验，探究瓦斯含量和赋存状态对液氮致裂煤体的力学影响；在设备尺寸方面，要加大实验尺寸，以便开展更符合现场实际情况的模拟实验；在测试手段方面，需要采用更微观的测试方法，探究不同分子和官能团对液氮致裂和瓦斯吸附解吸的影响，这对分析液氮致裂的微观机理至关重要。

变量注释表

T_2	横向弛豫时间,ms
ρ	横向表面弛豫强度,μm/ms
S	孔隙表面积,cm^2
V	孔隙体积,cm^3
F_S	孔隙形状因子
r	孔径,mm
ΔS	各孔 T_2 谱面积变化量
D_t	全孔 T_2 谱面积增长率,%
D_a	吸附孔 T_2 谱面积增长率,%
D_s	渗流孔 T_2 谱面积增长率,%
φ_{NB}	煤体残余孔隙度,%
φ_{NF}	煤体有效孔隙度,%
φ_N	煤体总孔隙度,%
$\Delta\varphi$	煤体孔隙度增量
φ_{pre}	致裂前煤体的有效孔隙度,%
φ_{post}	致裂后煤体的有效孔隙度,%
BVI	束缚流体系数
FFI	自由流体系数
T_{2gm}^a	饱水煤样的 T_2 几何平均数
T_{2s}	T_2 谱曲线开始时的弛豫时间,ms
T_{2i}	T_2 谱中的一个弛豫时间,ms
A_i	T_{2i} 处的幅值
A_T	T_2 谱的总幅值
$N(\delta)$	网格内的裂隙数量
δ	网格边长,mm
A	初始裂隙数量
ρ	裂隙密度,1/mm

L_i	第 i 条裂隙的长度，mm
n	裂隙总条数
$N(>r)$	孔径大于 r 的孔径数目
$r_{\max}$	煤体中最大的孔径，mm
$r_{\min}$	煤体中最小孔径，mm
$V(<r)$	煤体中孔径小于 r 的孔隙累计体积
$P(r)$	孔径分布密度函数
D	孔隙分形维数
S_v	孔径小于 r 的孔隙累积体积分数
P_C	孔径 r 对应的毛管压力，MPa
σ	液体的表面张力，N
θ	润湿接触角，°
$P_{C\min}$	入口毛管压力，MPa
T_{2B}	流体的体积弛豫时间，ms
G	磁场梯度，10^{-4}/cm
T_E	回波间隔，ms
γ	磁旋比，1/TS
k	渗透率，mD
T	液氮致裂时间，min
C	循环致裂次数
w	煤体含水率，%
E	弹性模量，GPa
v_p	煤体等效体的波速，m/s
v_m	煤体固体骨架部分的波速，m/s
v_f	孔隙流体波速，m/s
ε_v	体积应变，%
ε_a	轴向应变，%
ε_r	环向应变，%
K^T	裂隙冰的体积模量，MPa
ν^T	温度 T 下煤的泊松比
G^T	温度 T 下煤的剪切模量，MPa
R	理想气体常数

σ_r　　径向正应力,MPa

σ_θ　　切向正应力,MPa

$\tau_{r\theta}$　　周向应力,MPa

K_{I}　　Griffith 张开型裂纹的应力强度因子

h　　冻胀变形量,mm

h_v　　由孔隙水的冻结而体积增大 9%所产生的冻胀量,mm

h_m　　迁移聚冰作用产生的冻胀量,mm

h_s　　颗粒遇冷产生的收缩变形量,mm

h_c　　内外压力引起的压缩压密变形量,mm

W_t　　融化区一侧界面的体积含水量,%

W_w　　未冻水量

ξ　　冻结厚度,mm

K_w　　水分扩散系数

W_i　　起始体积含水量,%

β　　体积收缩系数

ξ_{yc}　　收缩区深度,mm

ξ_k　　压缩压密区的深度,mm

G　　剪切弹性模量,MPa

ν　　泊松比

K　　体积模量,MPa

λ　　侧压系数

f_s　　抗剪强度,MPa

参考文献

[1]李树刚，钱鸣高. 我国煤层与甲烷安全共采技术的可行性[J]. 科技导报，2000，18(6)：39-41.

[2]程远平，刘清泉，任廷祥. 煤力学[M]. 北京：科学出版社，2017.

[3]袁亮. 我国深部煤与瓦斯共采战略思考[J]. 煤炭学报，2016，41(1)：1-6.

[4]谢和平，周宏伟，薛东杰，等. 煤炭深部开采与极限开采深度的研究与思考[J]. 煤炭学报，2012，37(4)：535-542.

[5]孙继平. 煤矿事故分析与煤矿大数据和物联网[J]. 工矿自动化，2015，41(3)：1-5.

[6]何学秋，窦林名，牟宗龙，等. 煤岩冲击动力灾害连续监测预警理论与技术[J]. 煤炭学报，2014，39(8)：1485-1491.

[7]周福宝. 瓦斯与煤自燃共存研究(Ⅰ)：致灾机理[J]. 煤炭学报，2012，37(5)：843-849.

[8]景国勋，段振伟，程磊，等. 瓦斯煤尘爆炸特性及传播规律研究进展[J]. 中国安全科学学报，2009，19(4)：67-72.

[9]王刚，程卫民，孙路路，等. 煤与瓦斯突出的时间效应与管理体系研究[J]. 西安科技大学学报，2012，32(5)：576-580，597.

[10]王海燕，曹涛，周心权，等. 煤矿瓦斯爆炸冲击波衰减规律研究与应用[J]. 煤炭学报，2009(6)：778-782.

[11]李树刚，李生彩，林海飞，等. 卸压瓦斯抽取及煤与瓦斯共采技术研究[J]. 西安科技学院学报，2002，22(3)：247-249.

[12]李树刚，成小雨，刘超，等. 低透煤层采空区覆岩高位瓦斯富集区微震探测及应用[J]. 煤炭科学技术，2017，45(6)：61 66.

[13] LI X S, CAI J, CHEN Z Y, et al. Hydrate-Based Methane Separation from the Drainage Coal-Bed Methane with Tetrahydrofuran Solution in the Presence of Sodium Dodecyl Sulfate[J]. Energy & Fuels, 2012, 26(2): 1144-1151.

[14] MOORE T A. Coalbed methane: A review[J]. International Journal of Coal Geology, 2012, 101: 36-81.

[15]ZHANG S H, TANG S H, QIAN Z, et al. Evaluation of geological features for deep coalbed methane reservoirs in the Dacheng Salient, Jizhong Depression, China[J]. International Journal of Coal Geology, 2014, 133: 60 - 71.

[16]谢和平, 周宏伟, 薛东杰,等. 我国煤与瓦斯共采:理论、技术与工程[J]. 煤炭学报, 2014, 39(8): 1391 - 1397.

[17]廖永远, 罗东坤, 李婉棣. 中国煤层气开发战略[J]. 石油学报, 2012, 33(6): 1098 - 1102.

[18]秦勇, 袁亮, 胡千庭,等. 我国煤层气勘探与开发技术现状及发展方向[J]. 煤炭科学技术, 2012, 40(10): 1 - 6.

[19]徐继发, 王升辉, 孙婷婷,等. 世界煤层气产业发展概况[J]. 中国矿业, 2012, 21(9): 24 - 28.

[20]罗振敏, 邓军, 郭晓波. 基于 Gaussian 的瓦斯爆炸微观反应机理[J]. 辽宁工程技术大学学报(自然科学版), 2008, 27(3): 325 - 328.

[21]聂百胜, 何学秋, 王恩元. 瓦斯气体在煤孔隙中的扩散模式[J]. 矿业安全与环保, 2000, 27(5): 14 - 16.

[22]聂百胜, 何学秋, 王恩元,等. 煤与瓦斯突出预测技术研究现状及发展趋势[J]. 中国安全科学学报, 2003, 13(6): 40 - 43.

[23]张甫仁, 景国勋. 矿山重大危险源评价及瓦斯爆炸事故伤害模型建立的若干研究[J]. 工业安全与环保, 2002, 28(1): 42 - 45.

[24]林柏泉, 李子文, 翟成,等. 高压脉动水力压裂卸压增透技术及应用[J]. 采矿与安全工程学报, 2011, 28(3): 452 - 455.

[25]翟成, 李贤忠, 李全贵. 煤层脉动水力压裂卸压增透技术研究与应用[J]. 煤炭学报, 2011, 36(12): 1996 - 2001.

[26]程远平. 煤矿瓦斯防治理论与工程应用[M]. 北京:中国矿业大学出版社,2011.

[27]李全贵, 翟成, 林柏泉,等. 低透气性煤层水力压裂增透技术应用[J]. 煤炭工程, 2012, 44(1): 31 - 33.

[28]张超, 林柏泉, 周延,等. 本煤层深孔定向静态破碎卸压增透技术研究与应用[J]. 采矿与安全工程学报, 2013, 30(4): 600 - 604.

[29]尹光志, 李广治, 赵洪宝,等. 煤岩全应力 - 应变过程中瓦斯流动特性试验研究[J]. 岩石力学与工程学报, 2010, 29(1): 170 - 175.

[30]李树刚, 钱鸣高, 石平五. 综放开采覆岩离层裂隙变化及空隙渗流特性研究[J]. 岩石力学与工程学报, 2000, 19(5): 604 - 607.

[31]林海飞，蔚文斌，李树刚，等. 低阶煤孔隙结构对瓦斯吸附特性影响的试验研究[J]. 煤炭科学技术，2016，44(6)：127－133.

[32]李树刚，丁洋，安朝峰，等. 近距离煤层重复采动覆岩裂隙形态及其演化规律实验研究[J]. 采矿与安全工程学报，2016,33(5)：904－910.

[33]王伟，程远平，袁亮，等. 深部近距离上保护层底板裂隙演化及卸压瓦斯抽采时效性[J]. 煤炭学报，2016，41(1)：138－148.

[34]许江，曹偈，李波波，等. 煤岩渗透率对孔隙压力变化响应规律的试验研究[J]. 岩石力学与工程学报，2013，32(2)：225－230.

[35]许江，李波波，周婷，等. 加卸载条件下煤岩变形特性与渗透特征的试验研究[J]. 煤炭学报，2012，37(9)：1493－1498.

[36]尹光志，李文璞，李铭辉，等. 加卸载条件下原煤渗透率与有效应力的规律[J]. 煤炭学报，2014，39(8)：1497－1503.

[37]LIN B Q，LIU T，ZOU Q L，et al. Crack propagation patterns and energy evolution rules of coal within slotting disturbed zone under various lateral pressure coefficients[J]. Arabian Journal of Geosciences，2015，8(9)：6643－6654.

[38]李全贵，翟成，林柏泉，等. 定向水力压裂技术研究与应用[J]. 西安科技大学学报，2011，31(6)：735－739.

[39]袁亮，林柏泉，杨威. 我国煤矿水力化技术瓦斯治理研究进展及发展方向[J]. 煤炭科学技术，2015，43(1)：45－49.

[40]林海飞，李树刚，赵鹏翔，等. 我国煤矿覆岩采动裂隙带卸压瓦斯抽采技术研究进展[J]. 煤炭科学技术，2018，46(1)：28－35.

[41]徐超，付强，王凯，等. 载荷方式对深部采动煤体损伤—渗透时效特性影响实验研究[J]. 中国矿业大学学报，2018,47(1)：197－205.

[42]王宏图，黄光利，袁志刚，等. 急倾斜上保护层开采瓦斯越流固—气耦合模型及保护范围[J]. 岩土力学，2014，35(5)：1377－1382.

[43]王宏图，范晓刚，贾剑青，等. 关键层对急斜下保护层开采保护作用的影响[J]. 中国矿业大学学报，2011，40(1)：23－28.

[44]范衡. 关于我国瓦斯治理现状及存在问题的分析[J]. 价值工程，2014,33(24)：30－31.

[45]温海龙. 浅析“先抽后采”煤矿瓦斯治理[J]. 科技创新与应用，2015(4)：68.

[46]张宇丰，樊腾飞. 浅谈我国矿井瓦斯抽采技术及利用现状[J]. 科技风，2015(12)：176.

[47]程远平，刘洪永，郭品坤，等. 深部含瓦斯煤体渗透率演化及卸荷增透理论模型[J]. 煤炭学报，2014，39(8)：1650-1658.

[48]刘泽功，张春华，刘健，等. 低透气煤层预裂瓦斯运移数值模拟及抽采试验[J]. 安徽理工大学学报(自然科学版)，2009，29(4)：17-21.

[49]王汉鹏，张冰，袁亮，等. 吸附瓦斯含量对煤与瓦斯突出的影响与能量分析[J]. 岩石力学与工程学报，2017，36(10)：2449-2456.

[50]王家臣，邵太升，赵洪宝. 瓦斯对突出煤力学特性影响试验研究[J]. 采矿与安全工程学报，2011，28(3)：391-394.

[51]李翠华. 煤矿瓦斯抽采方式的探讨[J]. 煤炭技术，2015，34(6)：186-188.

[52]薛令华. 我国瓦斯灾害防治技术及手段探究[J]. 煤矿现代化，2015(2)：38-40.

[53]倪冠华，林柏泉，翟成，等. 脉动水力压裂钻孔密封参数的测定及分析[J]. 中国矿业大学学报，2013，42(2)：177-182.

[54]易俊，鲜学福，姜永东，等. 煤储层瓦斯激励开采技术及其适应性[J]. 中国矿业，2005，14(12)：26-29.

[55]段康廉，冯增朝，赵阳升，等. 低渗透煤层钻孔与水力割缝瓦斯排放的实验研究[J]. 煤炭学报，2002，27(1)：50-53.

[56]李晓红，卢义玉，赵瑜，等. 高压脉冲水射流提高松软煤层透气性的研究[J]. 煤炭学报，2008，33(12)：1386-1390.

[57]卢义玉，黄飞，王景环，等. 超高压水射流破岩过程中的应力波效应分析[J]. 中国矿业大学学报，2013，42(4)：519-525.

[58]王耀锋，何学秋，王恩元，等. 水力化煤层增透技术研究进展及发展趋势[J]. 煤炭学报，2014，39(10)：1945-1955.

[59]侯鹏，高峰，高亚楠，等. 脉冲气压疲劳对原煤力学特性及渗透率的影响[J]. 中国矿业大学学报，2017，46(2)：257-264.

[60]陈喜恩，赵龙，王兆丰，等. 液态 CO_2 相变致裂机理及应用技术研究[J]. 煤炭工程，2016，48(9)：95-97.

[61]李伟龙. 液氮超低温作用对于压裂技术影响[J]. 学周刊，2016(4)：232.

[62]卢义玉，廖引，汤积仁，等. 页岩超临界 CO_2 压裂起裂压力与裂缝形态试验研究[J]. 煤炭学报，2018，43(1)：175-180.

[63]王兆丰，周大超，李豪君，等. 液态 CO_2 相变致裂二次增透技术[J]. 河南理工大学学报(自然科学版)，2016，35(5)：597-600.

[64]文虎，李珍宝，王旭，等. 液态 CO_2 溶浸作用下煤体孔隙结构损伤特性研究[J].

西安科技大学学报，2017，37(2)：149－153.

[65]洪溢都. 微波辐射下煤体的温升特性及孔隙结构改性增渗研究[D]. 徐州：中国矿业大学，2017.

[66]闫发志. 基于电破碎效应的脉冲致裂煤体增渗实验研究[D]. 徐州：中国矿业大学，2017.

[67]李贺，林柏泉，洪溢都，等. 微波辐射下煤体孔裂隙结构演化特性[J]. 中国矿业大学学报，2017，46(6)：1194－1201.

[68]刘健，刘泽功，高魁，等. 深孔定向聚能爆破增透机制模拟试验研究及现场应用[J]. 岩石力学与工程学报，2014，33(12)：2490－2496.

[69] VISHAL V. Saturation time dependency of liquid and supercritical CO_2 permeability of bituminous coals：Implications for carbon storage[J]. Fuel，2017，192：201－207.

[70]WANG J F，WU Q B. Annual soil CO_2 efflux in a wet meadow during active layer freeze-thaw changes on the Qinghai-Tibet Plateau[J]. Environmental Earth Sciences，2013，69(3)：855－862.

[71]林海飞，黄猛，李志梁，等. 注气驱替抽采瓦斯技术在高瓦斯突出矿井煤巷掘进中的试验[J]. 矿业安全与环保，2016，43(3)：10－12.

[72] AL-ABRI A，SIDIQ H，AMIN R. Mobility ratio，relative permeability and sweep efficiency of supercritical CO_2 and methane injection to enhance natural gas and condensate recovery：Coreflooding experimentation[J]. Journal of Natural Gas Science and Engineering，2012，9：166－171.

[73]CAI C Z，LI G S，HUANG Z W，et al. Experiment of coal damage due to supercooling with liquid nitrogen[J]. Journal of Natural Gas Science and Engineering，2015，22：42－48.

[74]CHA M S，YIN X L，KNEAFSEY T，et al. Cryogenic fracturing for reservoir stimulation － Laboratory studies[J]. Journal of Petroleum Science and Engineering，2014，124：436－450.

[75] LI Z F，XU H F，ZHANG C Y. Liquid nitrogen gasification fracturing technology for shale gas development[J]. Journal of Petroleum Science and Engineering，2016，138：253－256.

[76]李和万，王来贵，张春会，等. 冷加载循环作用下煤样强度特性研究[J]. 中国安全生产科学技术，2016，12(4)：10－14.

[77] CAI C Z, GAO F, LI G S, et al. Evaluation of coal damage and cracking characteristics due to liquid nitrogen cooling on the basis of the energy evolution laws[J]. Journal of Natural Gas Science and Engineering, 2016, 29: 30-36.

[78] COETZEE S, NEOMAGUS H W J P, BUNT J R, et al. The transient swelling behaviour of large (−20+16 mm) South African coal particles during low-temperature devolatilisation[J]. Fuel, 2014, 136: 79-88.

[79]郭晓康. 液氮半溶浸煤致裂增透试验研究[D]. 石家庄：河北科技大学，2016.

[80] QIN L, ZHAI C, LIU S M, et al. Mechanical behavior and fracture spatial propagation of coal injected with liquid nitrogen under triaxial stress applied for coalbed methane recovery[J]. Engineering Geology, 2018, 233: 1-10.

[81] QIN L, ZHAI C, LIU S M, et al. Changes in the petrophysical properties of coal subjected to liquid nitrogen freeze-thaw—A nuclear magnetic resonance investigation[J]. Fuel, 2017, 194: 102-114.

[82]黄中伟，位江巍，李根生，等. 液氮冻结对岩石抗拉及抗压强度影响试验研究[J]. 岩土力学，2016(3)：694-700.

[83] SANDSTRÖM T, FRIDH K, EMBORG M, et al. The influence of temperature on water absorption in concrete during freezing[J]. Tekna No, 2019(7): 45-58.

[84] AROSIO D, LONGONI L, MAZZA F, et al, Freeze-thaw cycle and rockfall monitoring[M]. Berlin: Springer, 2013: 385-390.

[85] MCDANIEL B W, GRUNDMANN S R, KENDRICK W D, et al. Field applications ofcryogenic nitrogen as a hydraulic fracturing fluid [C]. //SPE Annual Technical Conference and Exhibition. San Antonio, Tenas. Socity of Engiees, 1997, Delta: 561-572.

[86] GRUNDMANN S, RODVELT G, DIALS G, et al, Cryogenic Nitrogen as a Hydraulic Fracturing Fluid in the Devonian Shale[C]//SPE Eastem Regional Meeting. Pittsburgh, Pennsylvanta. Society of Peiroleum Engineers. 1998: 1-6.

[87] CAI C Z, LI G S, HUANG Z W, et al. Experimental study of the effect of liquid nitrogen cooling on rock pore structure [J]. Journal of Natural Gas Science and Engineering, 2014, 21: 507-517.

[88] CAI C Z, LI G S, HUANG Z W, et al. Rock Pore Structure Damage Due to Freeze During Liquid Nitrogen Fracturing [J]. Arabian Journal for Science and Engineering, 2014, 39(12): 9249-9257.

[89] CAI C Z，LI G S，HUANG Z W，et al. Experiment of coal damage due to super-cooling with liquid nitrogen[J]. Journal of Natural Gas Science and Engineering，2015，22：42 - 48.

[90]王乔，赵东，冯增朝，等. 基于CT扫描的煤岩钻孔注液氮致裂试验研究[J]. 煤炭科学技术，2017，45(4)：149 - 154.

[91]张春会，李伟龙，王锡朝，等. 液氮溶浸煤致裂的机理研究[J]. 河北科技大学学报，2015，36(4)：425 - 430.

[92]张春会，王来贵，赵全胜，等. 液氮冷却煤变形—破坏—渗透率演化模型及数值分析[J]. 河北科技大学学报，2015,36(1)：90 - 99.

[93]徐红芳. 适用于页岩气开发的液化氮气汽化压裂技术[D]. 秦皇岛：燕山大学，2013.

[94]侯鹏，高峰，张志镇，等. 黑色页岩力学特性及气体压裂层理效应研究[J]. 岩石力学与工程学报，2016,35(4)：670 - 681.

[95]陈卫忠，谭贤君，于洪丹，等. 低温及冻融环境下岩体热、水、力特性研究进展与思考[J]. 岩石力学与工程学报，2011，30(7)：1318 - 1336.

[96]刘西拉，唐光普. 现场环境下混凝土冻融耐久性预测方法研究[J]. 岩石力学与工程学报，2007，26(12)：2412 - 2419.

[97]徐光苗. 寒区岩体低温、冻融损伤力学特性及多场耦合研究[D]. 武汉：中国科学院研究生院武汉岩土力学研究所，2006.

[98]张建国，刘淑珍，杨思全. 西藏冻融侵蚀分级评价[J]. 地理学报，2006，61(9)：911 - 918.

[99] AL-OMARI A，BECK K，BRUNETAUD X，et al. Critical degree of saturation：A control factor of freeze-thaw damage of porous limestones at Castle of Chambord，France [J]. Engineering Geology，2015，185：71 - 80.

[100]AL-OMARI A，BRUNETAUD X，BECK K，et al. Effect of thermal stress，condensation and freezing - thawing action on the degradation of stones on the Castle of Chambord，France[J]. Environmental Earth Sciences，2014，71(9)：3977 - 3989.

[101] ALTINDAG R，ALYILDIZ I S，ONARGAN T. Mechanical property degradation of ignimbrite subjected to recurrent freeze - thaw cycles[J]. International Journal of Rock Mechanics and Mining Sciences，2004，41(6)：1023 - 1028.

[102]BAYRAM F. Predicting mechanical strength loss of natural stones after freeze - thaw in cold regions[J]. Cold Regions Science and Technology，2012，83 - 84：98 - 102.

[103]FREIRE-LISTA D M, FORT R, VARAS-MURIEL M J. Freeze – thaw fracturing in building granites[J]. Cold Regions Science and Technology, 2015, 113: 40 – 51.

[104]LUO X D, JIANG N, FAN X Y, et al. Effects of freeze – thaw on the determination and application of parameters of slope rock mass in cold regions[J]. Cold Regions Science and Technology, 2015, 110: 32 – 37.

[105] QI J L, VERMEER P A, CHENG G D. A review of the influence of freeze-thaw cycles on soil geotechnical properties[J]. Permafrost and Periglacial Processes, 2006, 17(3): 245 – 252.

[106] TANG Y Q, YAN J J. Effect of freeze-thaw on hydraulic conductivity and microstructure of soft soil in Shanghai area[J]. Environmental Earth Sciences, 2015, 73 (11): 7679 – 7690.

[107] WANG Z D, ZENG Q, WANG L, et al. Effect of moisture content on freeze – thaw behavior of cement paste by electrical resistance measurements[J]. Journal of Materials Science, 2014, 49(12): 4305 – 4314.

[108] WEI H B, JIAO Y B, LIU H B. Effect of freeze – thaw cycles on mechanical property of silty clay modified by fly ash and crumb rubber[J]. Cold Regions Science and Technology, 2015, 116: 70 – 77.

[109] YILDIRIM S T, MEYER C, HERFELLNER S. Effects of internal curing on the strength, drying shrinkage and freeze – thaw resistance of concrete containing recycled concrete aggregates[J]. Construction and Building Materials, 2015, 91: 288 – 296.

[110]陈有亮，王朋，张学伟，等. 花岗岩在化学溶蚀和冻融循环后的力学性能试验研究[J]. 岩土工程学报，2014,36(12)：2226 – 2235.

[111]李杰林，周科平，张亚民，等. 冻融循环条件下风化花岗岩物理特性的实验研究[J]. 中南大学学报(自然科学版)，2014,45(3)：798 – 802.

[112]闻磊，李夕兵，陈光辉，等. 冻融循环作用下金属矿山边坡硬岩耐久性研究[J]. 矿冶工程，2014,34(6)：10 – 13.

[113]吴安杰，邓建华，顾乡，等. 冻融循环作用下泥质白云岩力学特性及损伤演化规律研究[J]. 岩土力学，2014，35(11)：3065 – 3072.

[114]吴鹏. 硫酸盐和冻融循环耦合作用下活性粉末混凝土物理力学性能研究[J]. 混凝土与水泥制品，2015(2)：10 – 15.

[115]杨晓丰. 土在不同冻融循环次数下抗剪强度参数变化的研究[J]. 黑龙江交通科技，2014,37(11)：82.

[116]张继周，缪林昌，杨振峰. 冻融条件下岩石损伤劣化机制和力学特性研究[J]. 岩石力学与工程学报，2008，27(8)：1688－1694.

[117]贾海梁，刘清秉，项伟，等. 冻融循环作用下饱和砂岩损伤扩展模型研究[J]. 岩石力学与工程学报，2013,32(S2)：3049－3055.

[118]刘泉声，黄诗冰，康永水，等. 裂隙岩体冻融损伤研究进展与思考[J]. 岩石力学与工程学报，2015,34(3)：452－471.

[119]吴安杰，邓建华，顾乡，等. 冻融循环作用下泥质白云岩力学特性及损伤演化规律研究[J]. 岩土力学，2014,35(11)：3065－3072.

[120]张慧梅，杨更社. 冻融与荷载耦合作用下岩石损伤模型的研究[J]. 岩石力学与工程学报，2010，29(3)：471－476.

[121]周科平，张亚民，李杰林，等. 粗、细粒径花岗岩冻融损伤机理及其演化规律[J]. 北京科技大学学报，2013，35(10)：1249－1255.

[122]HALE P A，SHAKOOR A. A laboratory investigation of the effects of cyclic heating and cooling，wetting and drying，and freezing and thawing on the compressive strength of selected sandstones[J]. Environmental & Engineering Geoscience，2003，9(2)：117－130.

[123]MAINALI G，DINEVA S，NORDLUND E. Experimental study on debonding of shotcrete with acoustic emission during freezing and thawing cycle[J]. Cold Regions Science and Technology，2015，111：1－12.

[124]YAVUZ H，ALTINDAG R，SARAC S，et al. Estimating the index properties of deteriorated carbonate rocks due to freeze－thaw and thermal shock weathering[J]. International Journal of Rock Mechanics and Mining Sciences，2006，43(5)：767－775.

[125] ISHIKAWA M，KURASHIGE Y，HIRAKAWA K. Analysis of crack movements observed in an alpine bedrock cliff [J]. Earth Surface Processes and Landforms，2004，29(7)：883－891.

[126]HASLER A，GRUBER S，BEUTEL J. Kinematics of steep bedrock permafrost [J]. Journal of Geophysical Research：Earth Surface，2012，117(F01016).

[127] YAO Y B，LIU D M，CAI Y D，et al. Advanced characterization of pores and fractures in coals by nuclear magnetic resonance and X-ray computed tomography[J]. Science China Earth Sciences，2010，53(6)：854－862.

[128] YAO Y B，LIU D M，CHE Y，et al. Petrophysical characterization of coals by low-field nuclear magnetic resonance (NMR)[J]. Fuel，2010，89(7)：1371－1380.

[129]DAVIDSON G P, NYE J F. A photoelastic study of ice pressure in rock cracks [J]. Cold Regions Science and Technology, 1985, 11(2): 141 - 153.

[130] OZAWA H, KINOSITA S. Segregated ice growth on a microporous filter[J]. Journal of Colloid and Interface Science, 1989, 132(1): 113 - 124.

[131] MCGREEVY J P, WHALLEY W B. Rock moisture content and frost weathering under natural and experimental conditions: a comparative discussion[J]. Arctic and Alpine Research, 1985, 17: 337 - 346.

[132] MATSUOKA N. Mechanisms of rock breakdown by frost action: An experimental approach[J]. Cold Regions Science and Technology, 1990, 17(3): 253 - 270.

[133] MATSUOKA N. The rate of bedrock weathering by frost action: Field measurements and a predictive model[J]. Earth Surface Processes & Landforms, 1990, 15 (1): 73 - 90.

[134] LI S, TANG D Z, Pan Zhejun, et al. Characterization of the stress sensitivity of pores for different rank coals by nuclear magnetic resonance[J]. Fuel, 2013, 111: 746 - 754.

[135]WINKLER E M. Frost damage to stone and concrete: geological considerations [J]. Engineering Geology, 1968, 2(5): 315 - 323.

[136]徐光苗，刘泉声. 岩石冻融破坏机理分析及冻融力学试验研究[J]. 岩石力学与工程学报，2005，24(17)：3076 - 3082.

[137]徐光苗，刘泉声，彭万巍，等. 低温作用下岩石基本力学性质试验研究[J]. 岩石力学与工程学报，2006,25(12)：2502 - 2508.

[138]杨更社，蒲毅彬. 冻融循环条件下岩石损伤扩展研究初探[J]. 煤炭学报，2002，27(4)：357 - 360.

[139]杨更社，谢定义，张长庆，等. 岩石损伤特性的 CT 识别[J]. 岩石力学与工程学报，1996,15(1)：48 - 54.

[140]张慧梅，杨更社. 岩石冻融力学实验及损伤扩展特性[J]. 中国矿业大学学报，2011，40(1)：140 - 145，151.

[141]张慧梅，杨更社. 冻融岩石损伤劣化及力学特性试验研究[J]. 煤炭学报，2013，38(10)：1756 - 1762.

[142]周科平，胡振襄，李杰林，等. 基于核磁共振技术的大理岩卸荷损伤演化规律研究[J]. 岩石力学与工程学报，2014，33(S2)：3523 - 3530.

[143]周科平，李杰林，许玉娟，等. 冻融循环条件下岩石核磁共振特性的试验研究

[J]. 岩石力学与工程学报，2012,31(4)：731 - 737.

[144]周科平，许玉娟，李杰林，等. 冻融循环对风化花岗岩物理特性影响的实验研究[J]. 煤炭学报，2012,37(S1)：70 - 74.

[145]李杰林，周科平，柯波. 冻融后花岗岩孔隙发育特征与单轴抗压强度的关联分析[J]. 煤炭学报，2015,40(8)：1783 - 1789.

[146]李杰林，周科平，张亚民，等. 基于核磁共振技术的岩石孔隙结构冻融损伤试验研究[J]. 岩石力学与工程学报，2012,31(6)：1208 - 1214.

[147] Gürdal Gülbin, Yal N M. Nam K. Pore volume and surface area of the Carboniferous coals from the Zonguldak basin (NW Turkey) and their variations with rank and maceral composition[J]. International Journal of Coal Geology, 2001, 48(1/2): 133 -144.

[148] LI J Q, LIU D M, YAO Y B, et al. Evaluation of the reservoir permeability of anthracite coals by geophysical logging data[J]. International Journal of Coal Geology, 2011, 87(2): 121 - 127.

[149] BLACK D J. Cyclic inert gas injection—an alternative approach to stimulate gas drainage from tight coal zones[C]. 13th Coal Operator's Conference, 2013:291 - 298.

[150] BLACK D J, AZIZ N, REN T. Enhanced gas drainage from undersaturated coal bed methane reservoirs[C]. Third Asia Pacific Coalbed Methane Symposium, 2011:1 - 8.

[151]MCDANIEL B W, GRUNDMANN S, KENDRICK W, et al. Field Applications of Cryogenic Nitrogen as a Hydraulic Fracturing Fluid[J]. Jpt Journal of Petroleum Technology, 1997, 50(3): 38 - 39.

[152] CAI Y D, LIU D M, PAN Z J, et al. Petrophysical characterization of Chinese coal cores with heat treatment by nuclear magnetic resonance[J]. Fuel, 2013, 108: 292 - 302.

[153] XIE S B, YAO Y B, CHEN J Y, et al. Research of micro-pore structure in coal reservoir using low-field NMR[J]. Journal of China Coal Society, 2015, 40: 170 - 176.

[154]FU H J, WANG X Z, ZHANG L X, et al. Investigation of the factors that control the development of pore structure in lacustrine shale: A case study of block X in the Ordos Basin, China[J]. Journal of Natural Gas Science and Engineering, 2015, 26: 1422 - 1432.

[155]王凯，乔鹏，王壮森，等. 基于二氧化碳和液氮吸附、高压压汞和低场核磁共振的

煤岩多尺度孔径表征[J]. 中国矿业，2017,26(4)：146 - 152.

[156]YAO Y B，LIU D M，LIU J G，et al. Assessing the Water Migration and Permeability of Large Intact Bituminous and Anthracite Coals Using NMR Relaxation Spectrometry[J]. Transport in Porous Media，2015，107(2)：527 - 542.

[157] KENYON W. Petrophysical principles of applications of NMR logging[J]. Log Anal，1997，38(2)：21 - 40.

[158]KENYON W. Nuclear magnetic resonance as a petrophysical measurement[J]. Nucl Geophys，1992，6(2)：153 - 171.

[159]李海波，朱巨义，郭和坤. 核磁共振 T2 谱换算孔隙半径分布方法研究[J]. 波谱学杂志，2008，25(2)：273 - 280.

[160]李杰林，周科平，张亚民，等. 基于核磁共振技术的岩石孔隙结构冻融损伤试验研究[J]. 岩石力学与工程学报，2012，31(6)：1208 - 1214.

[161]谢松彬，姚艳斌，陈基瑜，等. 煤储层微小孔孔隙结构的低场核磁共振研究[J]. 煤炭学报，2015,40(S1)：170 - 176.

[162]姚艳斌，刘大锰，蔡益栋，等. 基于 NMR 和 X-CT 的煤的孔裂隙精细定量表征[J]. 中国科学:地球科学，2010,40(11)：1598 - 1607.

[163]张倩，董艳辉，童少青，等. 核磁共振冷冻测孔法及其在页岩纳米孔隙表征的应用[J]. 科学通报，2016,61(21)：2387 - 2394.

[164]谢松彬，姚艳斌，陈基瑜，等. 煤储层微小孔孔隙结构的低场核磁共振研究[J]. 煤炭学报，2015,40(S1)：170 - 176.

[165]陈向军，刘军，王林，等. 不同变质程度煤的孔径分布及其对吸附常数的影响[J]. 煤炭学报，2013,38(2)：294 - 300.

[166]程庆迎，黄炳香，李增华. 煤的孔隙和裂隙研究现状[J]. 煤炭工程，2011,43(12)：91 - 93.

[167]李子文，林柏泉，郝志勇，等. 煤体孔径分布特征及其对瓦斯吸附的影响[J]. 中国矿业大学学报，2013，42(6)：1047 - 1053.

[168] SASS O. Rock moisture fluctuations during freeze-thaw cycles：Preliminary results from electrical resistivity measurements[J]. Polar Geography，2004，28(1)：13 -31.

[169]LI Y，TANG D Z，ELSWORTH D，et al. Characterization of Coalbed Methane Reservoirs at Multiple Length Scales：A Cross-Section from Southeastern Ordos Basin，China[J]. Energy & Fuels，2014，28(9)：5587 - 5595.

[170] YAO Y B, LIU D M. Comparison of low-field NMR and mercury intrusion porosimetry in characterizing pore size distributions of coals[J]. Fuel, 2012, 95: 152 - 158.

[171] PAN Z J, CONNELL L D, CAMILLERI M. Laboratory characterisation of coal reservoir permeability for primary and enhanced coalbed methane recovery [J]. International Journal of Coal Geology, 2010, 82(3/4): 252 - 261.

[172]KENYON W E, DAY P I, STRALEY C, et al. A Three-Part Study of NMR Longitudinal Relaxation Properties of Water-Saturated Sandstones[J]. Spe Formation Evaluation, 1988, 3(3): 622 - 636.

[173] WESTPHAL H, SURHOLT I, KIESL C, et al. NMR Measurements in Carbonate Rocks: Problems and an Approach to a Solution[J]. Pure and Applied Geophysics, 2005, 162(3): 549 - 570.

[174]TALABI O, ALSAYARI S, LGLAUER S, et al. Pore-scale simulation of NMR response[J]. Journal of Petroleum Science and Engineering, 2009, 67(3/4): 168 - 178.

[175] TIMUR A. Pulsed Nuclear Magnetic Resonance Studies of Porosity, Movable Fluid, and Permeability of Sandstones[J]. Journal of Petroleum Technology, 1969, 21(6): 775 - 786.

[176]蒋长宝，尹光志，黄启翔，等. 含瓦斯煤岩卸围压变形特征及瓦斯渗流试验[J]. 煤炭学报，2011,36(5): 802 - 807.

[177]徐涛，唐春安，宋力，等. 含瓦斯煤岩破裂过程流固耦合数值模拟[J]. 岩石力学与工程学报，2005, 24(10): 1667 - 1673.

[178]张健，汪志明. 煤层应力对裂隙渗透率的影响[J]. 中国石油大学学报(自然科学版)，2008, 32(6): 92 - 95.

[179]谢和平，分形—岩石力学导论[M]. 北京：科学出版社，1996.

[180] KRUHL J H. Fractal-geometry techniques in the quantification of complex rock structures: A special view on scaling regimes, inhomogeneity and anisotropy[J]. Journal of Structural Geology, 2013, 46: 2 - 21.

[181] LI B, LIU R C, JIANG Y J. A multiple fractal model for estimating permeability of dual-porosity media[J]. Journal of Hydrology, 2016, 540: 659 - 669.

[182] OUYANG Z Q, LIU D M, CAI Y D, et al. Fractal Analysis on Heterogeneity of Pore - Fractures in Middle - High Rank Coals with NMR[J]. Energy & Fuels, 2016, 30(7): 5449 - 5458.

[183] SCHLUETER E M, ZIMMERMAN R W, WITHERSPOON P A, et al. The

fractal dimension of pores in sedimentary rocks and its influence on permeability[J], 1997, 48(3): 199 - 215.

[184] TAN X H, LIU J Y, LI X P, et al. A simulation method for permeability of porous media based on multiple fractal model[J]. International Journal of Engineering Science, 2015, 95: 76 - 84.

[185] MANDELBROT B B, WHEELER J A. The Fractal Geometry of Nature[J]. Journal of the Royal Statistical Society, 1984, 147(4): 468.

[186]BILLI A, STORTI F. Fractal distribution of particle size in carbonate cataclastic rocks from the core of a regional strike-slip fault zone[J]. Tectonophysics, 2004, 384(1 - 4): 115 - 128.

[187]王欣，齐梅，李武广，等. 基于分形理论的页岩储层微观孔隙结构评价[J]. 天然气地球科学，2015，26(4)：754 - 759.

[188]谢和平，鞠杨. 混凝土微细观损伤断裂的分形行为[J]. 煤炭学报，1997，22(6)：28 - 32.

[189]赵阳升，马宇，段康廉. 岩层裂缝分形分布相关规律研究[J]. 岩石力学与工程学报，2002，21(2)：219 - 222.

[190]PAN J N, WANG K, HOU Q L, et al. Micro-pores and fractures of coals analysed by field emission scanning electron microscopy and fractal theory[J]. Fuel, 2016, 164: 277 - 285.

[191] BARNSLEY M F, MASSOPUST P R. Bilinear fractal interpolation and box dimension[J]. Journal of Approximation Theory, 2015, 192: 362 - 378.

[192] FENG Z G, SUN X Q. Box-counting dimensions of fractal interpolation surfaces derived from fractal interpolation functions[J]. Journal of Mathematical Analysis and Applications, 2014, 412(1): 416 - 425.

[193] FICKER T. Fractal strength of cement gels and universal dimension of fracture surfaces[J]. Theoretical and Applied Fracture Mechanics, 2008, 50(2): 167 - 171.

[194] Guo T K, ZHANG S C, GE H K, et al. A new method for evaluation of fracture network formation capacity of rock[J]. Fuel, 2015, 140: 778 - 787.

[195]WANG C Y, HAO S Y, SUN W J, et al. Fractal dimension of coal particles and their CH_4 adsorption[J]. International Journal of Mining Science and Technology, 2012, 22(6): 855 - 858.

[196] HU S, Li M, XIANG J, et al. Fractal characteristic of three Chinese coals[J].

Fuel, 2004, 83(10): 1307 - 1313.

[197]YAO Y B, LIU D M, TANG D Z, et al. Preliminary evaluation of the coalbed methane production potential and its geological controls in the Weibei Coalfield, Southeastern Ordos Basin, China[J]. International Journal of Coal Geology, 2009, 78(1): 1 - 15.

[198]YAO Y B, LIU D M, TANG D Z, et al. Fractal characterization of adsorption-pores of coals from North China: An investigation on CH4 adsorption capacity of coals[J]. International Journal of Coal Geology, 2008, 73(1): 27 - 42.

[199] DAIGLE H, JOHNSON A, Thomas Brittney. Determining fractal dimension from nuclear magnetic resonance data in rocks with internal magnetic field gradients[J]. GEOPHYSICS, 2014, 79(6): D425 - D431.

[200] JARZYNA J A, BALA M J, MORTIMER Z M, et al. Reservoir parameter classification of a Miocene formation using a fractal approach to well logging, porosimetry and nuclear magnetic resonance[J]. Geophysical Prospecting, 2013, 61(5): 1006 - 1021.

[201] ZHOU S D, LIU D M, CAI Y D, et al. Fractal characterization of pore - fracture in low-rank coals using a low-field NMR relaxation method[J]. Fuel, 2016, 181: 218 - 226.

[202] FRIESEN W I, MIKULA R J. Fractal dimensions of coal particles[J]. Journal of Colloid & Interface Science, 1987, 120(1): 263 - 271.

[203] PHEIFER P. Erratum: Chemistry in noninteger dimensions between two and three. I. Fractal theory of heterogeneous surfaces[J]. Journal of Chemical Physics, 1984, 80(7): 3558 - 3565.

[204] WASHBURN E W. The Dynamics of Capillary Flow[J]. Physical Review, 1921, 17(3):273 - 283.

[205]TALABI O, BLUNT M J. Pore-scale network simulation of NMR response in two-phase flow[J]. Journal of Petroleum Science and Engineering, 2010, 72(1/2): 1 - 9.

[206] YUN H, ZHAO W, ZHOU C. Researching rock pore structure with T2 distribution[J]. Well Logging Technology, 2002,26(1):18 - 21.

[207] FENER M, İnce İ. Effects of the freeze-thaw (F-T) cycle on the andesitic rocks (Sille-Konya/Turkey) used in construction building[J]. Journal of African Earth Sciences, 2015, 109: 96 - 106.

[208]AMANN F, BUTTON E A, EVANC K F, et al. Experimental Study of the

Brittle Behavior of Clay shale in Rapid Unconfined Compression[J]. Rock Mechanics and Rock Engineering，2011，44(4)：415－430.

[209]MARTIN C D. Seventeenth Canadian Geotechnical Colloquium：The effect of cohesion loss and stress path on brittle rock strength[J]. Canadian Geotechnical Journal，1997，34(5)：698－725.

[210]姜德义，何怡，欧阳振华，等. 砂岩单轴蠕变声发射能量统计与断面形貌分析[J]. 煤炭学报，2017，42(6)：1436－1442.

[211]姜德义，谢凯楠，蒋翔，等. 页岩单轴压缩破坏过程中声发射能量分布的统计分析[J]. 岩石力学与工程学报，2016,35(S2)：3822－3828.

[212] PRIKRYL R，LOKAY C T，LI C，et al. Acoustic Emission Characteristics and Failure of Uniaxially Stressed Granitic Rocks：the Effect of Rock Fabric[J]. Rock Mechanics and Rock Engineering，2003，36(4)：255－270.

[213] VILHELM J，RUDAJEV V，LOKAJÍ Č EK T，et al. Application of autocorrelation analysis for interpreting acoustic emission in rock[J]. International Journal of Rock Mechanics and Mining Sciences，2008，45(7)：1068－1081.

[214]李树刚，成小雨，刘超. 类岩石材料压缩破坏力学特性及裂纹演化特征[J]. 西安科技大学学报，2017,37(6)：771－778.

[215]李树刚，成小雨，刘超，等. 单轴压缩岩石相似材料损伤特性及时空演化规律[J]. 煤炭学报，2017，42(S1)：104－111.

[216]GANNE P，VERVOORT A，WEVERS M. Quantification of pre-peak brittle damage：Correlation between acoustic emission and observed micro-fracturing[J]. International Journal of Rock Mechanics and Mining Sciences，2007，44(5)：720－729.

[217]MAJEWSKA Z，ZIęTEK J. Changes of acoustic emission and strain in hard coal during gas sorption － desorption cycles[J]. International Journal of Coal Geology，2007，70(4)：305－312.

[218]VINNIKOV V A，VOZNESENSKII A S，USTINOV K B，et al. Theoretical models of acoustic emission in rocks with different heating regimes[J]. Journal of Applied Mechanics and Technical Physics，2010，51(1)：84－88.

[219]NEMAT-NASSER S，TAYA M. On effective of moduli of an elastic body containing periodically distributed voids[J]. Quarterly of Applied Mathematics，1981，39(1)：43－60.

[220] KHANDELWAL M, SINGH T N. Correlating static properties of coal measures rocks with P-wave velocity[J]. International Journal of Coal Geology, 2009, 79(1/2): 55 - 60.

[221]SONG I, SUH M. Effects of foliation and microcracks on ultrasonic anisotropy in retrograde ultramafic and metamorphic rocks at shallow depths[J]. Journal of Applied Geophysics, 2014, 109: 27 - 35.

[222] WYLLIE M R J. Elastic Wave Velocities in Heterogeneous and Porous Media [J]. Geophysics, 1956, 21(1): 41 - 70.

[223] WYLLIE M R J, GREGORY A R, GARDNER G H F. An Experimental Investiation of Factors Affecting Elastic Wave Velocities in Porous Media[J]. Geophysics, 1958, 23(3): 459 - 493.

[224] LIU S, HARPALANI S. Permeability prediction of coalbed methane reservoirs during primary depletion[J]. International Journal of Coal Geology, 2013, 113: 1 - 10.

[225] PALMER I, MANSOORI J. How Permeability Depends on Stress and Pore Pressure in Coalbeds: A New Model[J]. Spe Reservoir Evaluation & Engineering, 1998, 1(6): 539 - 544.

[226]MAO L T, HAO N, AN L Q, et al. 3D mapping of carbon dioxide-induced strain in coal using digital volumetric speckle photography technique and X-ray computer tomography[J]. International Journal of Coal Geology, 2015, 147/148: 115 - 125.

[227]BATTLE W R B, LEWIS W V. Temperature Observations in Bergschrunds and Their Relationship to Cirque Erosion[J]. Journal of Geology, 1951, 59(6): 537 - 545.

[228]刘泉声，黄诗冰，康永水，等. 低温冻结岩体单裂隙冻胀力与数值计算研究[J]. 岩土工程学报，2015,37(9): 1572 - 1580.

[229]刘泉声，康永水，刘滨，等. 裂隙岩体水－冰相变及低温温度场－渗流场－应力场耦合研究[J]. 岩石力学与工程学报，2011，30(11): 2181 - 2188.

[230]刘泉声，康永水，刘小燕. 冻结岩体单裂隙应力场分析及热－力耦合模拟[J]. 岩石力学与工程学报，2011,20(2): 217 - 223.

[231]QIN L, ZHAI C, LIU S M, et al. Failure Mechanism of Coal after Cryogenic Freezing with Cyclic Liquid Nitrogen and Its Influences on Coalbed Methane Exploitation [J]. Energy & Fuels, 2016, 30(10): 8567 - 8578.

[232] AROSIO D, LONGONI L, MAZZA F, et al. Freeze-Thaw Cycle and Rockfall Monitoring[J]. Landslide Science & Practice, 2013: 385 - 390.

[233]CAO R H, CAO P, LIN H, et al. Mechanical Behavior of Brittle Rock-Like Specimens with Pre-existing Fissures Under Uniaxial Loading: Experimental Studies and Particle Mechanics Approach[J]. Rock Mechanics and Rock Engineering, 2016, 49(3): 763-783.

[234]HUANG B X, LI P F. Experimental Investigation on the Basic Law of the Fracture Spatial Morphology for Water Pressure Blasting in a Drillhole Under True Triaxial Stress[J]. Rock Mechanics and Rock Engineering, 2015, 48(4): 1699-1709.

[235]LI Q G, LIN B Q, ZHAI C. The effect of pulse frequency on the fracture extension during hydraulic fracturing[J]. Journal of Natural Gas Science and Engineering, 2014, 21: 296-303.

[236]李树刚，别创峰，赵鹏翔，等. 新型"固一气"耦合相似材料特性影响因素研究[J]. 采矿与安全工程学报，2017，34(5)：981-986.

[237] HUANG B X, LI P F, MA J, et al. Experimental Investigation on the Basic Law of Hydraulic Fracturing After Water Pressure Control Blasting[J]. Rock Mechanics and Rock Engineering, 2014, 47(4): 1321-1334.

[238] YANG S Q, JING H W. Strength failure and crack coalescence behavior of brittle sandstone samples containing a single fissure under uniaxial compression[J]. International Journal of Fracture, 2011, 168(2): 227-250.

[239]ZHAI C, XU Y M, XIANG X W, et al. A novel active prevention technology for borehole instability under the influence of mining activities[J]. Journal of Natural Gas Science and Engineering, 2015,27:1585-1596.

[240] LI Q G, LIN B Q, ZHAI C, et al. Variable frequency of pulse hydraulic fracturing for improving permeability in coal seam[J]. International Journal of Mining Science and Technology, 2013, 23(6): 847-853.

[241]TABER S. The Mechanics of Frost Heaving[J]. The Journal of Geology, 1930, 38: 303-317.

[242]WANG Z D, ZENG Q, WANG L, et al. Characterizing blended cement pastes under cyclic freeze-thaw actions by electrical resistivity[J]. Construction and Building Materials, 2013, 44: 477-486.

[243] ANDERSLAND O B, LADANYI B. An Introduction to Frozen Ground Engineering[M]. Boston, MA: Springer US,1994

[244] NEAUPANE K M, YAMABE T, YOSHINAKA R. Simulation of a fully

coupled thermo - hydro - mechanical system in freezing and thawing rock [J]. International Journal of Rock Mechanics and Mining Sciences, 1999, 36(5): 563 - 580.

[245]ZHOU D, FENG Z C, ZHAO D, et al. Uniformity of temperature variation in coal during methane adsorption[J]. Journal of Natural Gas Science and Engineering, 2016, 33: 954 - 960.

[246] CAO W G, GAO W, LIANG J Y, et al. Flame-propagation behavior and a dynamic model for the thermal-radiation effects in coal-dust explosions[J]. Journal of Loss Prevention in the Process Industries, 2014, 29: 65 - 71.

[247] GONG W L, PENG Y Y, HE M C, et al. Thermal image and spectral characterization of roadway failure process in geologically 45° inclined rocks[J]. Tunnelling and Underground Space Technology, 2015, 49: 156 - 173.

[248]SUN X H, WANG Z Y, SUM B J, et al. Research on hydrate formation rules in the formations for liquid CO_2 fracturing [J]. Journal of Natural Gas Science and Engineering, 2016, 33: 1390 - 1401.

[249]WANG C L, LU Z J, LIU L, et al. Predicting points of the infrared precursor for limestone failure under uniaxial compression [J]. International Journal of Rock Mechanics and Mining Sciences, 2016, 88: 34 - 43.

[250] SUN X M, CHEN F, HE M C, et al. Physical modeling of floor heave for the deep-buried roadway excavated in ten degree inclined strata using infrared thermal imaging technology[J]. Tunnelling and Underground Space Technology, 2017, 63: 228 - 243.

[251] ZHAI C, QIN L, LIU S M, et al. Pore Structure in Coal: Pore Evolution after Cryogenic Freezing with Cyclic Liquid Nitrogen Injection and Its Implication on Coalbed Methane Extraction[J]. Energy & Fuels, 2016, 30(7): 6009 - 6020.

[252]TABER S. Frost heaving[J]. The Journal of Geology, 1929: 428 - 461.

[253] RAY S K, SINGH R P. Recent Developments and Practices to Control Fire in Undergound Coal Mines[J]. Fire Technology, 2007, 43(4): 285 - 300.

[254]林斌. 岩石水和气体压裂破裂压力差异的理论和试验研究[D]. 徐州：中国矿业大学，2015.

[255]陆萍. 有限岩板中裂纹尖端应力强度因子与裂纹扩展研究[D]. 哈尔滨：哈尔滨工业大学，2014.

[256]先超. 不同张开度裂纹扩展的模型试验研究[D]. 重庆：重庆大学，2014.

[257]于永军，朱万成，李连崇，等. 水力压裂裂缝相互干扰应力阴影效应理论分析

[J]. 岩石力学与工程学报，2017,36(12)：2926 - 2939.

[258]宫经全. 三维Ⅰ型和Ⅰ/Ⅱ复合型裂纹应力强度因子的分析[D]. 南昌：南昌航空大学，2015.

[259]宫经全，张少钦，李禾，等. 基于相互作用积分法的应力强度因子计算[J]. 南昌航空大学学报(自然科学版)，2015,29(1)：42 - 48.

[260]贾旭，胡绪腾，宋迎东. 基于三维裂纹尖端应力场的应力强度因子计算方法[J]. 航空动力学报，2016，31(6)：1417 - 1426.

[261]陈景杰，黄一，刘刚. 基于奇异元计算分析裂纹尖端应力强度因子[J]. 中国造船，2010，51(3)：56 - 64.

[262]赵熙. 页岩压裂裂纹三维起裂与扩展行为的数值模拟与实验研究[D]. 北京：中国矿业大学(北京)，2017.

[263]王世杰，闫明，佟玲，等. 循环载荷下热疲劳裂纹的应力强度因子[J]. 机械工程学报，2010，46(10)：64 - 68.

[264]霍智宇. 基于断裂力学的钢桥面板疲劳裂纹扩展研究[D]. 北京：北方工业大学，2016.

[265]曹俊伟. 基于裂纹扩展理论的船体结构疲劳强度研究[D]. 哈尔滨：哈尔滨工程大学，2010.

[266] QIN L，ZHAI C，LIU S M，et al. Factors controlling the mechanical properties degradation and permeability of coal subjected to liquid nitrogen freeze-thaw[J]. Scientific Reports，2017，7(1)：3675.

[267]闫长斌，徐国元，李夕兵. 爆破震动对采空区稳定性影响的 FLAC(3D)分析[J]. 岩石力学与工程学报，2005,24(16)：2894 - 2899.

[268]王春波，丁文其，乔亚飞. 硬化土本构模型在 FLAC(3D)中的开发及应用[J]. 岩石力学与工程学报，2014,33(1)：199 - 208.

[269]吴强，吴章利. 摩尔库伦本构模型参数敏感性分析及修正[J]. 陕西水利，2012(2)：148 - 149.

[270]朱晓鹏. 基于节理岩体损伤本构模型的 FLAC 3D 二次开发及应用[D]. 北京：中国地质大学(北京)，2015.

[271]谢和平，岩石、混凝土损伤力学[M]. 徐州：中国矿业大学出版社，1990.

[272]张亚东. 基于应变软化模型的岩体裂隙压缩扩展数值模拟研究[D]. 北京：中国地质大学(北京)，2017.

[273]王金艳. 舟山近海软土深基坑三维数值分析及本构模型选择研究[D]. 杭州：浙

江大学，2015.

[274]翟成，李全贵，孙臣，等. 松软煤层水力压裂钻孔失稳分析及固化成孔方法[J]. 煤炭学报，2012,37(9)：1431－1436.

[275]蔡美峰，岩石力学与工程[M]. 北京：科学出版社，2002.

[276]周宏伟，谢和平，左建平. 深部高地应力下岩石力学行为研究进展[J]. 力学进展，2005，35(1)：91－99.

[277] Charles，Jaeger，张永杰. 岩石力学与工程[J]. 国外科技新书评介，2010(8)：21.

[278]蔡美峰，岩石力学与工程[M]. 北京：科学出版社，2002.

[279]冯夏庭，智能岩石力学导论[M]. 北京：科学出版社，2000.

[280]赵闯，武科，李术才，等，循环荷载作用下岩石损伤变形与能量特征分析[M]. 西安：西安电子科技大学出版社，2016.

[281]赵光明，矿山岩石力学[M]. 徐州：中国矿业大学出版社，2015.

[282]左建平，采矿围岩破坏力学与全空间协同控制实践[M]. 北京：科学出版社，2016.

致　谢

本书是在博士论文的基础上修改完成的，首先向我的导师翟成教授致以崇高的敬意和由衷的感谢。翟老师严谨务实的科研作风、孜孜不倦的育人精神、朴实忘我的工作精神一直深深感染着我。在博士论文撰写期间，针对其中的科学问题和理论，老师给予了很多的指点和帮助，提出了很多宝贵意见和建议。

特别感谢硕士生导师周福宝教授在生活和工作上给予的无私帮助，感谢周老师在科研方向和研究领域给予的点拨与指导，使我有了明确的奋斗方向。周老师严谨的治学态度和忘我的工作精神一直深深地感染着我。在科研学习和工作生活中都得到了周老师的悉心指导和无私帮助。在此，向恩师致以崇高的敬意和衷心的感谢。

特别感谢林柏泉教授，林老师务实的科研作风和大公无私的育人态度深深影响着我，在团队的时光让我受益终生。在此，向林老师致以诚挚的谢意。

特别感谢中国矿业大学王德明教授、程远平教授、王恩元教授、李增华教授、蒋曙光教授、秦波涛教授、刘应科研究员、刘春副研究员、夏同强副教授、史波波副教授、陈小雨副教授、康建宏副教授在科研和生活上给予的指点和帮助。

特别感谢西安科技大学李树刚教授、林海飞教授在工作和科研上的支持和无私帮助。

特别感谢瓦斯防治与利用团队的周延教授、李庆钊教授、朱传杰教授、杨威研究员、吴海进副教授在科研和日常生活给予的大力支持和无私帮助。

特别感谢宾夕法尼亚州立大学刘世民老师在书稿写作和数据分析上的帮助和有益探讨。

特别感谢课题组师弟徐吉钊、汤宗情、于国卿、徐金元、孙勇、董若蔚、武尚俭、马会腾、郭继胜、马征、唐伟在本书实验和撰写中的付出，特别感谢李全贵、倪冠华、彭深、李敏、许彦明、余旭、向贤伟、武世亮、仲超等师兄弟，感谢你们的陪伴和共同成长，这段时光因为有你们变得更加珍贵和丰富多彩。

特别感谢李贺、刘厅、郭畅、刘统、郑苑楠、孔佳、张祥良、王正、赵洋、陶青林等师兄弟给予的支持与帮助。感谢现代分析与计算中心卢兆林老师，化工学院卿涛等在实验测试和分析方面的有益探讨和帮助。

特别感谢张超、闫发志、邹全乐、洪溢都、高亚斌、李子文、代华明、曹召丹、郑春山、孔胜利、胡胜勇、王伟及好友程家骥在科研和工作方面的帮助。

感谢苏州纽迈科技的杨培强总经理，江苏拓创科技的常宏均经理，鼎诺科技的孙义龙经理等在设备和技术上的支持。

感谢苏贺涛、孔彪、高云骥、董骏、孔祥国、汤研、曹佐勇、张浩、邱黎明、李林、涂庆毅、朱小龙、朱云飞等各位博士，愿在求学中结下的友谊长存。

本课题得到国家自然基金项目、科技部国家重大科学仪器设备开发专项和中国博士后科学基金等项目的资助，谨此致谢。

特别感谢家人对我的充分理解和大力支持，家人永远是我最坚强的后盾，感谢你们的默默付出。

感谢各位专家在百忙之中审阅本书，所提宝贵意见对提升书稿质量非常有价值，感谢得到各位专家的指导和建议。